高等职业教育烹饪工艺与营养专业教材

宴席冷拼与食雕

蒋杭城　王爱明　主编

YANXI LENGPIN YU SHIDIAO

中国轻工业出版社

图书在版编目（CIP）数据

宴席冷拼与食雕 / 蒋杭城，王爱明主编. —北京：中国轻工业出版社，2024.8

ISBN 978-7-5184-4762-6

Ⅰ.①宴… Ⅱ.①蒋… ②王… Ⅲ.①凉菜—制作—教材 ②食品雕刻—教材 Ⅳ.①TS972.114

中国国家版本馆CIP数据核字（2024）第107185号

责任编辑：方 晓 贺晓琴　　责任终审：高惠京　　设计制作：锋尚设计

策划编辑：史祖福 方 晓　　责任校对：朱 慧 朱燕春　　责任监印：张 可

出版发行：中国轻工业出版社（北京鲁谷东街5号，邮编：100040）

印　　刷：艺堂印刷（天津）有限公司

经　　销：各地新华书店

版　　次：2024年8月第1版第1次印刷

开　　本：787×1092 1/16 印张：9.5

字　　数：200千字

书　　号：ISBN 978-7-5184-4762-6 定价：59.00元

邮购电话：010-85119873

发行电话：010-85119832 010-85119912

网　　址：http://www.chlip.com.cn

Email：club@chlip.com.cn

231938J2X101ZBW

本书编写人员

主　编： 蒋杭城　王爱明

副主编： 李小明　沈　杨

参　编： 赵黠翔　郑云海　葛　斌　丁　琦
孙　吉　李铭洋　王仁构　刘孟长

前言

随着技工教育的不断深化改革，工学一体化教学模式逐渐成为技工教育发展的重要方向。在这种背景下，技工院校烹饪专业教材的编写也应紧跟时代步伐，创新教学模式，提升教学效果。因此，我们编写了这套烹饪专业教材，旨在为学生提供更加贴合实际、注重实践的教学资源。

依据《国家技能人才培养标准编制指南》和《一体化课程规范开发技术规程》，一体化课程教学改革，按照经济社会发展需要和技能人才培养规律，根据国家职业标准及国家技能人才培养标准，以职业能力为培养目标，通过典型工作任务分析，构建一体化课程体系，并以具体工作任务为学习载体，按照工作过程和学习者自主学习要求设计和安排教学活动。一体化课程体现理论教学和实践教学融通合一、专业学习和工作实践学做合一、能力培养和工作岗位对接合一的特征。

一体化教材编写体现“以职业能力为培养目标，以具体工作任务为学习载体”，按照工作过程和学习者自主学习要求设计和安排教学活动、学习活动的一体化教学理念，遵循能力本位原则、学生主体原则、符合课程标准原则、理论知识“适用、够用”原则、可操作性原则。教材按照工作过程编写，呈现结构清晰完整的工作过程，介绍全面系统的工作过程知识，具体解决做什么、怎么做的问题。

本教材围绕教学目标，按照学习任务将本课程内容分为三个模块，第一模块讲解花式冷拼的制作，从花卉类、果蔬类、寓意类、动物类冷拼的拼摆来进行教学；第二模块主要讲解实用冷菜的制作方法，以及刺身的拼摆；第三模块讲解果蔬围边雕刻的制作。每个项目实施分为若干训练任务，包括任务链接、任务目标、任务分析、任务操作、任务思考等环节。采用模块化、项目化、任务式的编写方法，使教材内容更加贴近工作实际，便于学生理解和掌握。

本教材由杭州第一技师学院教师蒋杭城、王爱明担任主编。在编写过程中，我们得到了众多行业专家、烹饪大师和一线教师的支持与帮助，他们的宝贵意见和建议为教材的完善提供了有力支持。同时，我们也要感谢广大学生对教材的试用和反馈，正是他们的积极参与和宝贵意见，使得本教材能够不断改进和完善。

最后，向所有为本教材编写付出辛勤努力的同人们表示衷心的感谢！由于编写时间仓促，编者水平有限，疏漏与不妥之处在所难免，恳请读者批评指正。

编者

2024年3月

目录

模块一　花式冷拼

模块二 冷菜

模块三　雕刻

模块一

花式冷拼

学习笔记

项目一　花卉类冷拼制作

训练任务1　迎宾花篮

任务链接

玫瑰，是蔷薇科蔷薇属的灌木植物，直立、蔓延或攀缘灌木，多数被有皮刺、针刺或刺毛，有毛、无毛或有腺毛。叶互生；花单生；花托球形、坛形至杯形；开展，覆瓦状排列，白色、黄色、粉红色至红色。其花朵在经济上有重要价值，常用于食品和化妆品工业。此外，玫瑰在文化中象征爱、美、平等和奉献，是多个国家的国花。俗称的“玫瑰”实际上涵盖了多种蔷薇属植物，包括通过杂交选育得到的品种。

任务目标

1. 能够掌握玫瑰花的制作方法。
2. 能够掌握花篮的雕刻工艺流程。
3. 能够掌握利用心里美醋染色的技巧。

任务分析

捏底→修料→浸泡→卷花→拼摆→组装→摆假山→完成作品

任务操作

1 取一小块澄面，捏出花篮的主体和底部大形①。

2 用大号掏刀，拉出一段芋头条②。

3 用V形戳刀戳上细纹，作为花篮的提手③。

4 另取一块芋头，用拉线刀拉上细纹后取小片用来编织花篮底部④。

5 取一片2毫米厚的大片，用拉刀法在中间拉上2毫米宽的细纹，编织花篮主体⑤。

6 泡入老抽中上色并腌制软化⑥。

7 拼摆花篮的主体⑦。

8 编织和拼摆花篮底部⑧⑨。

9 取白萝卜修成半圆柱形料形，用剞刀法切成薄片⑩⑪。

10 泡入心里美醋中染成粉红色⑫。

学习笔记

学习笔记

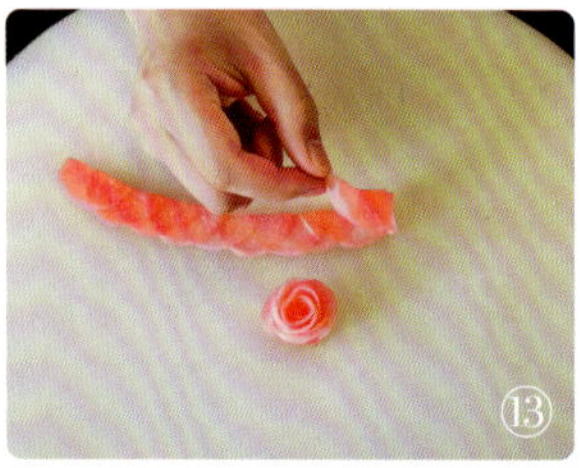

11 染色完成后的薄片，拿起一端在1/3处重叠，在砧板上排列整齐⑬。将片卷起，即成小花状。

12 在外部再贴三片花瓣达到绽放的效果⑭。用同样的方法，制作更多的玫瑰花备用⑮。

13 在青萝卜上用拉线刀拉上叶脉⑯，用主刀雕刻成小叶子后取下备用⑰。

14 将卷好的小花放在花篮中间，呈一篮鲜花状⑱。用小叶子进行点缀，放上芋头雕刻的提手，完成花篮部分的制作。

15 完成配件制作，拼摆装盘⑲。

16 拼摆假山、小草、萝卜卷等，完成迎宾花篮作品⑳。

任务思考

1. 为什么心里美遇到白醋会将白醋变红？
2. 玫瑰花在制作时怎么避免散开？

学习笔记

训练任务 2　篱下牵牛

任务链接

牵牛，一年生草本植物，属于旋花科，茎缠绕，叶宽卵形，花蓝紫色或紫红色。它原产于热带美洲，现在广泛分布于热带和亚热带地区，中国大部分地区有种植。牵牛喜光、喜湿、喜温暖，耐干旱瘠薄，但不耐寒。除作为观赏植物外，牵牛还有一定的药用价值，能够泄水通便、消痰涤饮、杀虫攻积。在园艺上，牵牛也常用于小庭院及居室窗前的遮阴及美化，是一种非常实用的蔓生草花。

任务目标

1. 能够掌握牵牛花的制作方法。
2. 能够掌握小叶子的雕刻工艺流程。
3. 能够掌握利用香芋油染色的技巧。

任务分析

牵牛花：修料→染色→拉刀→卷制→组装
小叶子：雕底托→切刀面→修整→拼摆
} →组装→摆假山→完成作品

学习笔记

任务操作

1 牵牛花制作，取小块白琼脂，用雕刻刀修成水滴状的料形①。

2 将尖的一头泡入香芋油中，染成紫色，重复以上步骤，多准备一些料形②。

3 静置几分钟后，用雕刻刀拉刀成薄片③。

4 取一部分薄片，抿开刀面，呈扇形④。

5 借助纸巾将抿开的刀面卷起，避免散开⑤。

6 将顶部向外翻开，调整一下造型⑥，一朵牵牛花完成，用同样的方法，制作更多的牵牛花备用⑦。

7 小叶子制作，取一段青萝卜，雕刻成小叶子的底托⑧。

8 小黄瓜取一半，在上面剞上花刀⑨，将刀面取下，推开成叶子刀面⑩。

学习笔记

9 用纸巾吸干水分后⑪，将连刀部分切除⑫。

10 放在底托上，调整造型，小叶子制作完成，用同样方法制作另外两片小叶子⑬。

11 取一根胡萝卜条，用V形戳刀雕刻竹节，雕刻刀修出竹身，雕刻成竹子备用⑭。

12 完成配件制作，拼摆装盘⑮。

13 用小叶子、竹子、蒜苗摆出篱笆造型，再依次拼摆出一串牵牛花⑯。

14 放上假山、小石头、小草，完成篱下牵牛作品⑰。

任务思考

1 牵牛花在卷制时刀面如何避免散开？

2 牵牛花在染色时如何达到渐变效果？

学习笔记

训练任务3　夏日风情

任务链接

荷花属山龙眼目、莲科，是莲属中2个物种“莲花”和“黄莲花”及众多人工培育品种的通称，有红、粉红、白、紫等色彩，被誉为中国十大名花之一。它不仅是观赏植物，还有食用和药用价值，如藕、莲子可食，莲子、根茎等可入药。荷花的高尚品格如出淤泥而不染，备受文人墨客赞誉。荷花不仅美丽，更有深厚的文化内涵，是人们心中永恒的艺术主题。荷花在各地广泛栽培，深受人们喜爱，展现了它的多重价值和广泛影响力。

任务目标

1. 能够掌握荷花的制作流程。
2. 能够掌握荷叶的制作方法。
3. 能够掌握利用心里美醋染色的技巧。

任务分析

雕刻底坯→修料形→染色→拉刀→捏花瓣→摆花瓣→装花蕊→雕刻配件→组装→摆假山→完成作品

任务操作

学习笔记

1 荷花的制作，先取一块1厘米厚的芋头，雕刻成圆形，用水溶笔画出6等分点①。

2 用雕刻刀修出6个半圆形②。

3 用大号掏刀，将里面挖空，形成6瓣的底托备用③。

4 取一块白色琼脂，修成中间厚两头薄的料形④。

5 用雕刻刀雕出荷花花瓣状⑤，将两边的棱角去掉⑥。

6 尖的一头泡入心里美醋中，染成粉红色⑦。

7 上色后取出，雕刻莲蓬作为花蕊⑧。

8 将染好色的花瓣取出，拉刀成薄片⑨。

9 往一边推开抿开刀面⑩，用手调整弧度⑪。

10 在芋头底托上抹上沙拉酱⑫，花瓣依次拼摆到底托上⑬。

学习笔记

⑬

⑭

⑮

⑯

⑰

⑱

⑲

⑳

11 第一层6瓣⑭，第二层4瓣⑮。

12 最后放上花蕊，完成荷花制作⑯。

13 蒜苗用拉线刀拉上倒刺⑰，泡入清水中，使其自然弯曲。

14 完成配件制作⑱，拼摆装盘。

15 用小花苞、荷叶、莲藕和水波纹进行装饰⑲。

16 放上假山、小草、萝卜卷，完成夏日风情作品的制作⑳。

任务思考

1 荷花的花瓣如何做到有弧度以体现立体感?

2 荷花在拼摆花瓣时如何做到有层次感?

学习笔记

训练任务 4　花开富贵

任务链接

月季花是蔷薇科属的常绿、半常绿低矮灌木。叶子为羽状复叶，表面深绿有光泽而叶背青白，且无毛面具有小托叶。花分单瓣和重瓣，重瓣色为深红且略似玫瑰。花色以红色为主，其他有白、黄、粉红、玫瑰红等。中国是月季花的原产地之一，栽培历史悠久。除了观赏，月季花还有药用价值，能活血消肿。月季花是富有文化底蕴的花卉之一，在园艺、医药等领域都有广泛应用。通过播种和扦插可繁殖，是容易栽培的花卉之一，深受人们喜爱。了解月季花的特点和价值，有助于更好地欣赏和利用这种美丽的花卉资源。

任务目标

1. 能够掌握扇子的制作方法。
2. 能够掌握月季花的制作工艺流程。
3. 能够掌握利用心里美醋染色的技巧。

任务分析

扇子：雕刻底坯→修料形→盖刀面→完成
月季花：雕刻底坯→修料形→染色→拉刀→捏花瓣→摆花瓣→装花蕊→完成
（以上两项）→组装→摆假山→完成作品

学习笔记

任务操作

1 月季花制作：取一小块白琼脂，用雕刻刀修成水滴状的料形①。

2 将尖的一头泡入心里美醋中，染成粉红色②。

3 静置几分钟后，用雕刻刀拉刀成薄片③。

4 取一部分薄片，从中分开两半，一半往上推，一半往下推，拼在一起，呈三角状④。

5 再抿开刀面，呈扇形⑤。

6 用手把顶部往里捏，呈半圆形花瓣⑥。

7 将花瓣放在芋头雕刻的底托上⑦。

8 依次拼摆花瓣，第一层5瓣，第二层3瓣⑧。

学习笔记

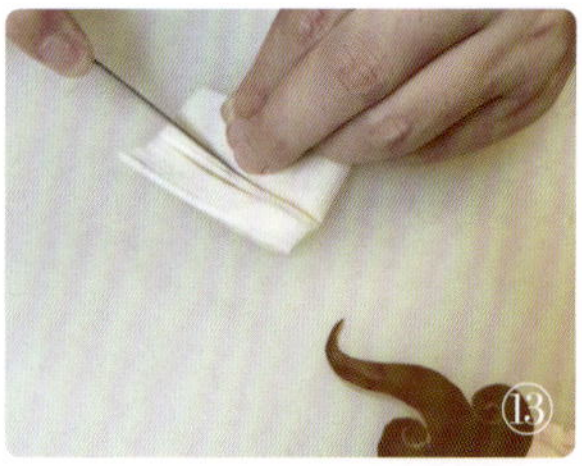

9 完成后放上花蕊⑨和小叶子⑩，完成月季花制作。

10 扇子制作，取一薄片鸡蛋干⑪，雕刻成扇子柄⑫。

11 将茭白修成水滴状，拉刀成薄片⑬，抿开后放在芋头底上⑭。

12 形成扇面，放上扇柄，完成扇子制作⑮。

13 取一块菱形的小黄瓜薄片，剞刀切成凤尾花刀，即成小叶子⑯。

14 用灰琼脂，雕刻古风窗格备用⑰。

15 完成配件制作⑱，拼摆装盘。

16 依次拼摆窗格、扇子、月季花，搭配小叶子、卷花和流苏⑲。

17 放上假山、小草，完成花开富贵作品⑳。

任务思考

1. 月季花的花瓣如何做到有弧度以体现立体感？
2. 月季花在拼摆花瓣时如何做到有层次感？

学习笔记

训练任务5　凌波仙子

任务链接

水仙，中国十大名花之一，石蒜科多年生草本植物，以其绿白色筒状叶鞘中抽出的花茎和鹅黄色的花瓣著称。喜欢温暖湿润的环境，排水良好的土壤是其理想的生长条件。水仙不仅美丽，还有一定的药用价值，但需谨慎使用，因其鳞茎含有多种生物碱，有毒。在中国，水仙已有千余年的栽培历史，深受人们喜爱。然而，需注意避免牛羊等动物误食，以免引发不良反应。了解水仙的特性和价值，有助于我们更好地欣赏和利用这一美丽的花卉资源。

任务目标

1. 能够掌握水仙花的制作工艺流程。
2. 能够掌握水仙花叶子的制作方法。
3. 能够掌握利用老抽染色的技巧。

任务分析

捏底→修料形→染色→拉刀→贴刀面→雕刻配件→组装→摆假山→完成作品

任务操作

学习笔记

1 水仙花的制作：用澄面捏出水仙花茎的底坯①。

2 青萝卜取表面绿皮，雕刻成细长的水滴形②。

3 将长短不一的料形拼摆在一起，作为水仙花的叶子③。

4 将叶子插在底坯上，调整造型④。

5 在底部插上豆芽作为根的部分⑤。

6 取一块白色琼脂，修成两头薄中间厚的料形⑥。

7 将一头蘸上老抽染色⑦⑧。

8 用雕刻刀拉成薄片⑨。

9 在底坯上涂上沙拉酱⑩。

学习笔记

⑬

⑭

⑮

⑯

⑰

10 刀面抿开依次贴在底坯上⑪，完成水仙花茎部分的制作⑫。

11 用同样的方法制作另一枝水仙花⑬⑭。

12 完成配件⑮，拼摆装盘⑯。

13 放上假山、小石头、小草，最后放上雕刻的小花装饰，完成凌波仙子作品⑰。

任务思考

1. 贴根部刀面时怎么做到有层次感？
2. 叶子拼摆时怎么做到整体协调？

学习笔记

任务评价

学生自我评价表（20%）

小组:		姓名:	
评分项目	评分内容	标准	打分
安全教育 （25分）	是否清楚实训安全	非常清楚（20～25分） 基本清楚（10～20分） 不够清楚（0～10分）	
仪容仪表 （25分）	是否规范职业着装	非常规范（20～25分） 基本规范（10～20分） 不够规范（0～10分）	
课前作业 （25分）	是否完成课前学习任务	全部完成（20～25分） 基本完成（10～20分） 没有完成（0～10分）	
课后卫生 （25分）	是否完成课后 卫生任务	全部完成（20～25分） 基本完成（10～20分） 没有完成（0～10分）	
		总分	

学生相互评价表（20%）

小组:		姓名：	
评分项目	评分内容	标准	打分
小组合作参与度 （50分）	参与度高与低	积极参与（30～50分） 基本参与（10～30分） 不参与（0～10分）	
沟通能力 （25分）	与小组其他成员之间 沟通是否顺畅	沟通顺畅（15～25分） 基本顺畅（5～15分） 不顺畅（0～5分）	
团队协作能力 （25分）	小组之间是否相互合作	合作顺畅（15～25分） 基本顺畅（5～15分） 不合作（0～5分）	
		总分	

教师评价表（60%）

小组:		姓名:	
评分项目	**评分内容**	**标准**	**打分**
选料 （15分）	原料搭配是否合理	搭配合理（10~15分） 基本合理（5~10分） 不合理（0~5分）	
形态 （20分）	造型是否逼真， 立体感强	造型逼真（15~20分） 有大致形态（10~15分） 无明显形态（0~10分）	
刀工 （25分）	刀工是否精细， 形态是否完整	刀工细腻（15~25分） 刀工较为粗糙（5~15分） 刀工粗糙（0~5分）	
色彩 （20分）	色彩搭配是否合理	搭配合理（15~20分） 基本合理（10~15分） 不合理（0~10分）	
构图 （20分）	构图是否合理， 整体协调	搭配合理（15~20分） 基本合理（10~15分） 不合理（0~10分）	
		总分	

学习笔记

项目二　果蔬类冷拼制作

训练任务　田园小景

任务链接

南瓜，葫芦科一年生蔓生草本，原产中南美洲，世界各地广泛栽培。中国南北方均有种植，喜温耐旱，对土壤适应性广。南瓜富含膳食纤维，可做多种美食，经济价值高。南瓜的繁殖以播种为主，也可嫁接培育优良品种。

任务目标

1. 能够掌握南瓜、白菜的制作工艺流程。
2. 能够掌握X形花刀的雕刻方法。
3. 能够掌握南瓜制作的特殊料形和白菜的反贴刀面方法。

任务分析

捏底→修料形→腌制→拉刀→贴刀面→雕刻配件→组装→摆假山→完成作品

学习笔记

任务操作

1 南瓜的制作：取一块澄面揉成球形，用大号V形戳刀，压出纹路，捏出南瓜的底坯①。

2 黄节瓜和心里美萝卜修出两头尖的特殊料形②，泡入盐水中③。

3 泡软后取出擦干水分，拉刀成片④。

4 依次贴在南瓜底坯上⑤，颜色交错开来，顶部留底不可太多⑥。

5 取一块南瓜画出造型⑦，雕刻成南瓜的蒂头⑧。

6 摆在贴好刀面的南瓜顶部⑨，完成南瓜的制作。

7 白菜的制作：将青萝卜修成水滴形，用盐水泡软后拉刀成片⑩。

学习笔记

⑩

⑪

⑫

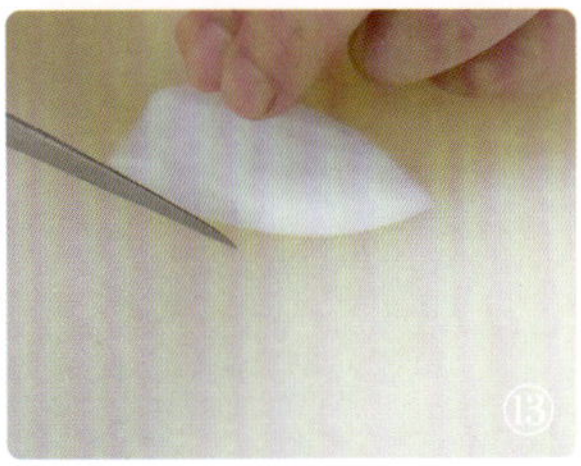
⑬

⑭

⑮

⑯

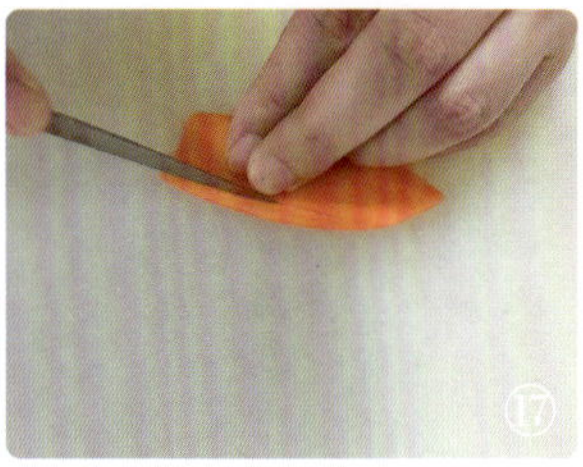
⑰

⑱

8 取少量刀面抿成花瓣的造型⑪。

9 在白菜底托上依次摆上青萝卜刀面，中间的刀面反贴，做出白菜的菜叶部分⑫。

10 将白琼脂修成一头尖的料形拉刀成片⑬，抿开刀面⑭。

11 抹上沙拉酱拼摆琼脂刀面，做出菜帮的部分⑮。

12 在底部插上葱白⑯，完成白菜的制作。

13 胡萝卜的制作：将胡萝卜取一厚片修成一头尖料形⑰。

14 拉刀成片，抿开刀面后贴在胡萝卜底托上，头部插上蒜苗，完成胡萝卜的制作⑱。

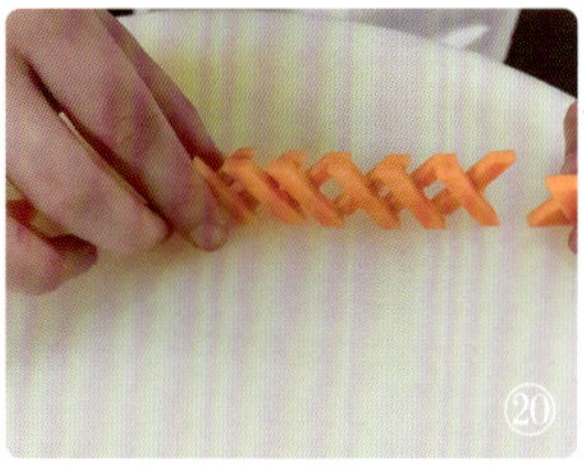

15 南瓜取一长方块，用剞刀法切出X形花刀⑲，做出栅栏⑳。

16 完成配件制作㉑，拼摆装盘。

17 拼摆南瓜、白菜、胡萝卜、竹林、叶子㉒。

18 拼摆假山、小草等完成田园小景作品㉓。

任务思考

1 南瓜在取料形时应怎么判断长度以避免漏底?

2 白菜在制作菜叶时为什么要反贴刀面?

学习笔记

训练任务 2　福禄寿喜

任务链接

葫芦，葫芦科葫芦属的一年生攀缘草本植物，其藤蔓可长达15米。它喜欢温暖、避风的环境，幼苗对寒冷敏感。其果实形态多样，包括棒状、瓢状、海豚状、壶状等，大小从10厘米至1米不等。新鲜的葫芦皮呈嫩绿色，果肉为白色，未成熟时可作为蔬菜食用。此外，古人常将葫芦晒干并掏空内部，用作盛放物品的容器。葫芦的栽培类型多样，其藤蔓、叶片、花朵及果实的大小形状各有特色。

任务目标

1. 能够掌握葫芦、桃子的制作工艺流程。
2. 能够掌握祥云的制作方法。

任务分析

葫芦：雕蒂头→捏底→修料形→拉刀→贴刀面→组合

桃子：捏底→修料形→染色→拉刀→贴刀面

→ 雕配件→组装→摆假山→完成作品

学习笔记

任务操作

1 葫芦的制作：取一块南瓜①，雕刻出葫芦蒂头的造型②。

2 取一块澄面揉成球形，另取一块捏成上小下大，两块拼摆在一起做成葫芦底坯③。

3 南瓜取两头薄的料形，拉刀成片④。

4 抿开刀面⑤后分多次拼摆在下面半个葫芦的底坯上⑥。

5 接着取半椭圆料形，拉刀成片⑦。

6 抿开刀面后一次性拼摆成形⑧，完成葫芦的制作⑨。

7 取一小块澄面，揉成球形，用V形戳刀压出凹槽，做成桃子的底坯⑩。

学习笔记

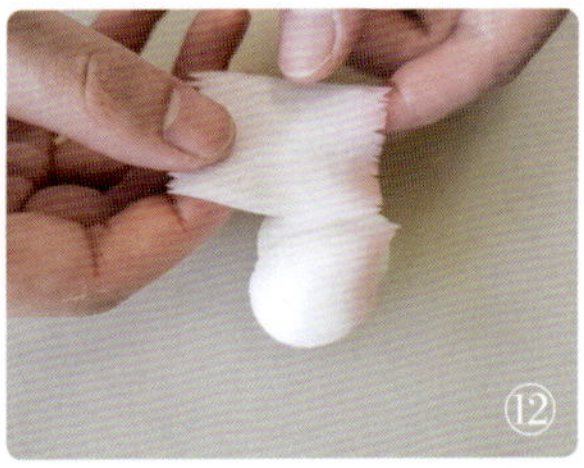

8 将白色琼脂修成两头薄的料形，一头染上粉色后拉刀成片⑪。

9 抿开后贴上一半边的刀面，分两次贴满底坯⑫。

10 用同样方法再做一个，搭配叶子完成桃子的制作⑬。

11 在盘子上放上祥云模具，撒上可可粉后拿掉模具⑭。

12 擦拭一下盘子，完成祥云的绘制⑮。

13 完成配件制作⑯，拼摆装盘。

14 依次放入葫芦、桃子、叶子，放上琼脂冬瓜做的诗句装饰⑰。

15 拼摆假山、小草、围边等，完成福禄寿喜作品⑱。

任务思考

1 南瓜料形在制作时如何避免散开？

2 桃子刀面如何染色达到渐变效果？

训练任务 3　粒粒皆辛

任务链接

玉米，又称玉蜀黍，是一种根系作物，其地下节根深入土壤。茎秆坚硬，叶片和叶鞘组成其独特的形态。玉米花序雌雄同株，籽粒色彩丰富。它起源于墨西哥，16世纪传入中国，现广泛分布于世界各地。玉米对土壤适应性广，喜温、喜光、喜湿。作为主食之一，玉米可煮食、制饼、做糕等，其籽粒营养丰富，同时玉米须还具有药用价值。了解玉米的生长习性和多样性，有助于我们更好地利用这一重要农作物，丰富我们的饮食文化，促进农业发展。

任务目标

1. 能够掌握玉米的制作工艺流程。
2. 能够掌握正反刀面拼接的制作方法。

任务分析

捏底→拼接黄萝卜→修料形→腌制→切刀面→贴刀面→雕刻配件→组装→摆假山→完成作品

任务操作

学习笔记

1 取一根较细的黄胡萝卜，去掉表皮①。

2 用小号U形戳刀，雕刻成玉米状②。

3 取下一半的玉米粒，拼接上澄面③。

4 用黄萝卜根部带绿色的部分雕刻玉米的蒂头，做成玉米的底坯备用④。

5 青萝卜取一厚片，剞上直刀⑤，完成后泡入盐水中⑥。

6 泡软后再将刀面取下⑦，抿开刀面吸干水分⑧。

7 左右两个刀面抿开的方向相反，贴在底坯上⑨，完成全包玉米的制作⑩。

8 接着制作剥开一半的玉米，先将左右两个刀面贴上⑪。

9 剥开一半的叶子用两段青萝卜刀面拼接⑫，涂上沙拉酱让刀面更加服帖。

学习笔记

⑬

⑭

⑮

⑯

⑰

10 使得两个面都是青萝卜的表皮面，调整造型，让叶片更加灵动⑬。

11 完成配件制作⑭，拼摆装盘。

12 放上三个玉米后，在头部抹上沙拉酱放上紫薯松做出玉米须⑮。

13 放上心里美萝卜雕刻的小辣椒装饰⑯。

14 摆上假山、萝卜卷、小草等，完成粒粒皆辛作品⑰。

任务思考

1. 青萝卜刀面怎么才能做到色泽翠绿鲜艳？
2. 外翻的刀面怎么做到正反面都是青萝卜表皮面？

训练任务 4 事事平安

任务链接

柿子，柿科柿属乔木，原产于中国长江流域，现广泛栽培于世界各地。其叶椭圆或近圆形，果形多样，果肉熟时柔软多汁，呈橙红或大红色。柿子喜温暖湿润气候和肥沃排水良好的土壤，耐寒、抗旱。繁殖主要用嫁接法。柿树寿命长，叶大荫浓，秋冬时节红叶满树，果实累累，是优良的风景树。此外，柿子还可加工制成柿饼等食品。

任务目标

1. 能够掌握苹果、柿子的制作工艺流程。
2. 能够掌握排片法贴刀面的制作方法。

任务分析

捏底→修料形→拉刀→贴刀面→雕刻配件→组装→摆假山→完成作品

学习笔记

任务操作

1 苹果的制作，取一块澄面揉成椭圆形，用工具压出苹果的造型①。

2 将红椒取厚片修成两头薄的料形，拉刀成片②。

3 由于苹果造型中间往里凹进，传统的拼摆方法难度较大。

在制作红苹果时，采用一片片贴的方法制作③，刀面更加均匀美观④。

4 插上苹果的枝芽完成制作⑤，用相同方法再做一个青苹果备用⑥。

5 柿子的制作，取青萝卜薄片⑦雕刻柿子的叶子部分⑧。

6 将澄面揉成球形压扁，作为底坯，胡萝卜、南瓜修成两头薄的料形⑨。

学习笔记

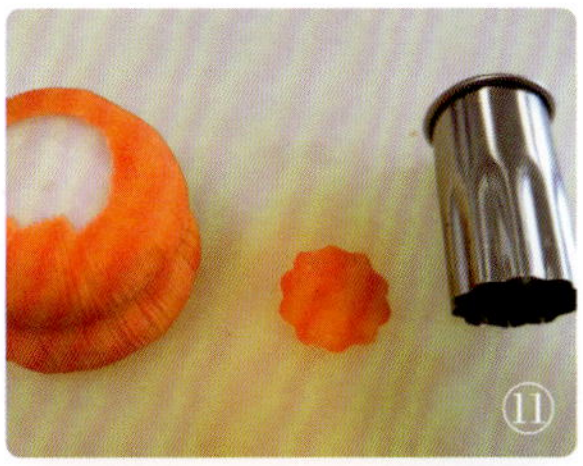

7 胡萝卜料形拉刀成片，贴在底坯上⑩。

8 用花边模具压出顶部刀面⑪。

9 两个底坯叠在一起，做成两层的柿子放上叶子完成制作⑫。

10 另一个柿子用相同方法用南瓜制作⑬。

11 完成配件制作⑭，拼摆装盘。

12 依次放上苹果和柿子⑮。

13 拼摆假山、萝卜卷、小石头等，完成事事平安作品⑯。

任务思考

1. 苹果刀面怎么才能做到刀面均匀？
2. 柿子在取料形时怎么判断长度以避免漏底？

训练任务5　瓜熟蒂落

任务链接

草莓，蔷薇科草莓属多年生草本，以其浅根系、三出复叶和两性花为特征。果实由花托发育，呈S形生长曲线。起源于欧美亚，现代品种则源于法国。1915年引入中国，现产量居世界首位。草莓喜光耐阴，喜水怕涝。其营养价值高，含丰富维生素、矿物质，被誉为“水果皇后”和“早春第一果”。此外，草莓还是观赏、绿化植物，助力中国西部地区农民脱贫致富。

任务目标

1. 能够掌握草莓、西瓜的制作工艺流程。
2. 能够掌握制作西瓜时多个面拼接刀面的制作方法。

任务分析

捏底→修料形→腌制→拉刀→贴刀面→雕刻配件→组装→摆假山→完成作品

任务操作

学习笔记

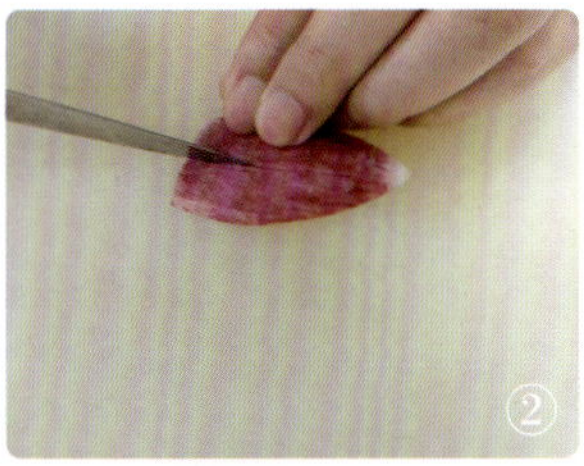

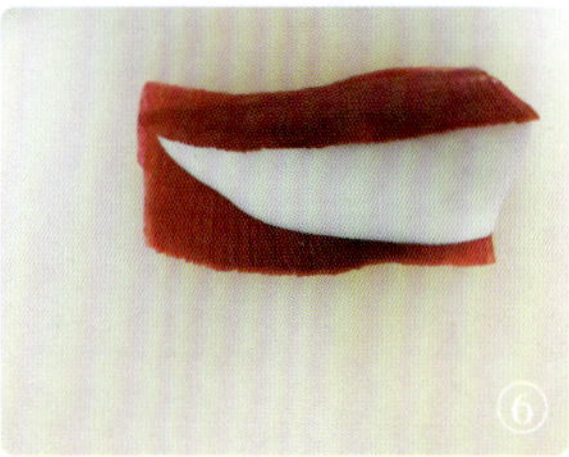
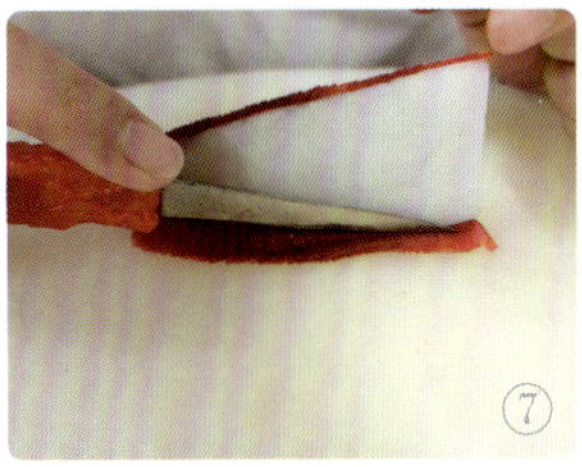

1 用澄面捏出草莓和西瓜底坯①。

2 草莓的制作，将心里美修成一头尖、一头薄的料形，腌制后拉刀成片②。

3 抿开刀面③，贴在澄面底坯上④。

4 放上黑芝麻和青萝卜雕刻的叶子即可⑤。

5 西瓜的制作，心里美取长方形料形，拉刀成刀面后，将澄面底托放上⑥。

6 修整刀面使其和底坯贴合⑦。

7 依次完成三个边的刀面制作⑧。

8 在底部放上西瓜皮薄片，刀面上放上西瓜子使其更加逼真⑨。

9 完成配件制作⑩，拼摆装盘。

10 依次摆入西瓜、草莓、枇杷⑪。

11 拼摆假山、萝卜卷、小石头等，完成瓜熟蒂落作品⑫。

学习笔记

任务思考

1. 西瓜在拼接刀面时怎么做到三个面之间服帖不漏底?
2. 怎么避免西瓜子和黑芝麻不掉落?

任务评价

学生自我评价表（20%）

小组:		姓名:	
评分项目	评分内容	标准	打分
安全教育（25分）	是否清楚实训安全	非常清楚（20~25分） 基本清楚（10~20分） 不够清楚（0~10分）	
仪容仪表（25分）	是否规范职业着装	非常规范（20~25分） 基本规范（10~20分） 不够规范（0~10分）	
课前作业（25分）	是否完成课前学习任务	全部完成（20~25分） 基本完成（10~20分） 没有完成（0~10分）	
课后卫生（25分）	是否完成课后卫生任务	全部完成（20~25分） 基本完成（10~20分） 没有完成（0~10分）	
		总分	

学生相互评价表（20%）

小组:		姓名:	
评分项目	评分内容	标准	打分
小组合作参与度（50分）	参与度高与低	积极参与（30~50分） 基本参与（10~30分） 不参与（0~10分）	
沟通能力（25分）	与小组其他成员之间沟通是否顺畅	沟通顺畅（15~25分） 基本顺畅（5~15分） 不顺畅（0~5分）	
团队协作能力（25分）	小组之间是否相互合作	合作顺畅（15~25分） 基本顺畅（5~15分） 不合作（0~5分）	
		总分	

学习笔记

教师评价表（60%）

小组：		姓名：	
评分项目	评分内容	标准	打分
选料 （15分）	原料搭配是否合理	搭配合理（10～15分） 基本合理（5～10分） 不合理（0～5分）	
形态 （20分）	造型是否逼真， 立体感强	造型逼真（15～20分） 有大致形态（10～15分） 无明显形态（0～10分）	
刀工 （25分）	刀工是否精细， 形态是否完整	刀工细腻（15～25分） 刀工较为粗糙（5～15分） 刀工粗糙（0～5分）	
色彩 （20分）	色彩搭配是否合理	搭配合理（15～20分） 基本合理（10～15分） 不合理（0～10分）	
构图 （20分）	构图是否合理， 整体是否协调	搭配合理（15～20分） 基本合理（10～15分） 不合理（0～10分）	
		总分	

项目三　寓意类冷拼制作

训练任务　人生如意

任务链接

人参，五加科多年生草本植物，高60厘米，主根纺锤形，掌状复叶翠绿。它分布于中国东北、俄罗斯、朝鲜，喜生于通气、排水良好的砂质壤土中，耐阴湿，忌强光。肉质根富含滋补成分，可调血压、强心、治疗神经衰弱等，茎叶花果亦具经济价值。

任务目标

1. 能够掌握人参的工艺流程。
2. 能够掌握如意的雕刻方法。

任务分析

捏底→拼接人参须→修料形→染色→拉刀→贴刀面→雕刻配件→组装→摆假山→完成作品

任务操作

学习笔记

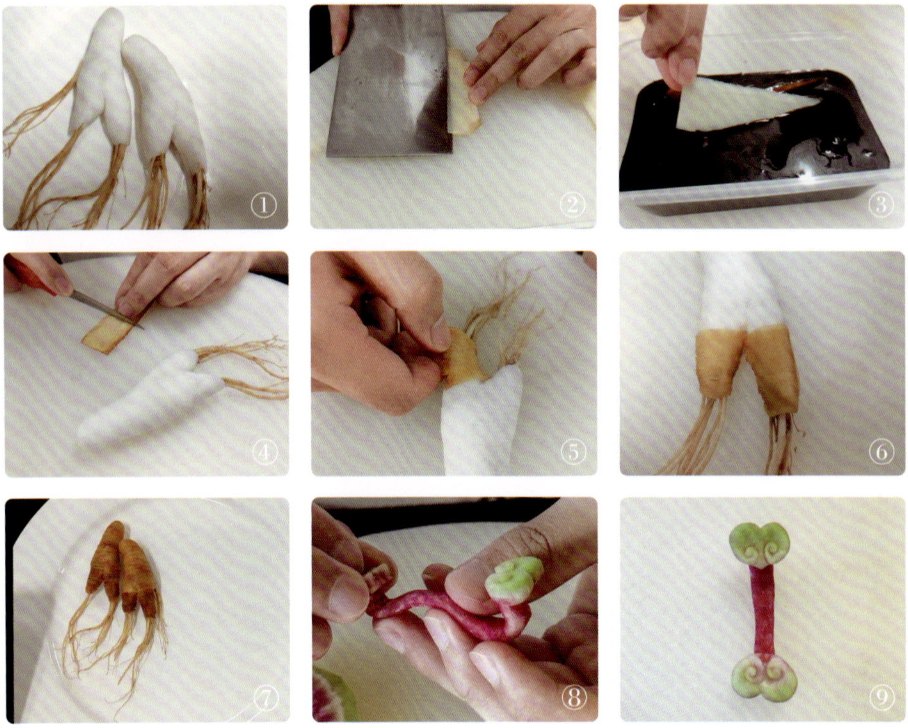

1 人参的制作：取澄面捏出人参的造型，插上人参须，完成底坯的制作①。

2 嫩姜取两头薄的料形②，泡入老抽中③。

3 使其上色后拉刀成片④，抿开刀面后贴在底坯上⑤。

4 用同样方法贴满整个底坯⑥，完成人参制作⑦。

5 取心里美萝卜雕刻如意⑧⑨。

学习笔记

6 完成配件制作⑩，拼摆装盘。

7 依次摆上人参⑪和如意，拼摆假山、小石头、小草等完成人生如意作品⑫。

任务思考

1 人参须拼接时怎么做到自然协调?

2 在取料形时怎么判断长度以避免漏底?

训练任务2 五味俱全

任务链接

京葱，生活中又称大葱，百合科葱属的草本植物。其鳞茎外皮为白色，有的有轻微的淡红褐色；葱整体呈筒状，中空，由底端至顶端越来越窄；花莛呈圆柱状，中空，从中部向下越来越膨大，向顶端渐渐变窄，花莛的下部被叶鞘包裹，顶端伞状小花簇生呈球形，呈放射状排列，具有较强的耐寒、抗热和耐旱性，喜干燥气候，对土壤要求土层深厚、通气排水良好。原产于西伯利亚，中国以山东、河北、河南等为重要产地。常作为香料调味品或蔬菜食用，不仅味道美味，而且具有丰富的营养价值。

任务目标

1. 能够掌握京葱、生姜的制作工艺流程。
2. 能够掌握大蒜制作与南瓜制作的区别。

任务分析

捏底→修料形→腌制→拉刀→贴刀面→雕刻配件→组装→摆假山→完成作品

学习笔记

学习笔记

任务操作

1 用澄面分别捏出大蒜、京葱和生姜的底坯①。

2 用青萝卜、白琼脂、嫩姜分别修出大蒜、京葱和生姜的底坯②。

3 大蒜的制作：将白琼脂修成两头薄的料形，拉刀成片③。

4 在抿开刀面后将四个角修去④，依次贴上六个刀面⑤。

5 长方形料形琼脂切成刀面后包裹澄面，放在大蒜顶部，完成大蒜制作⑥。

6 京葱的制作：青萝卜取一厚片，剞上直刀⑦，完成后泡入盐水中⑧。

7 腌软后用雕刻刀取下刀面⑨，抿开后吸干水分⑩。

8 将白的部分靠近葱白连接处⑪。

9 白色琼脂修成两头薄的料形，拉成刀面，拼摆葱白的部分⑫。

学习笔记

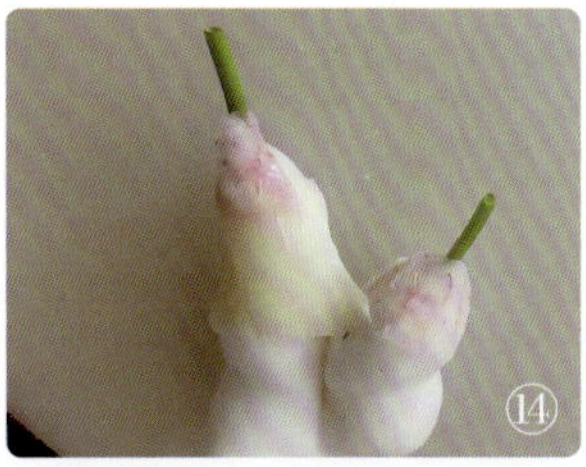

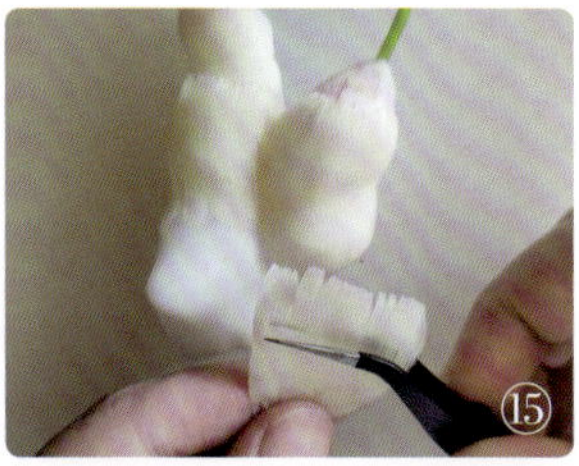

10 在底部插上小葱根完成京葱的制作⑬。

11 生姜的制作：先在底坯上插上小葱，贴上心里美片做出生姜的嫩芽⑭。

12 嫩姜取两头薄的料形，拉刀成片⑮后拼摆在底坯上即可⑯。

13 用芋头雕刻八角⑰，完成后泡入老抽中备用⑱。

14 完成配件制作⑲，拼摆装盘。

15 依次放入京葱、大蒜、生姜、八角、辣椒⑳。

16 拼摆假山、小草、小石头等，完成五味俱全作品㉑。

任务思考

1. 大蒜在捏底时和南瓜有什么区别？
2. 京葱在拼接青萝卜和琼脂时怎么能更加自然？

训练任务 3 端午安康

任务链接

端午节吃五黄是我国传统食俗。五黄，指的是黄鳝、黄鱼、黄瓜、咸鸭蛋黄和雄黄酒。在某些地区，咸鸭蛋黄会用黄豆替代。这一习俗与《白蛇传》中的故事紧密相连，白娘子饮下雄黄酒后现出蛇形，故民间认为雄黄酒能解蛇、蝎、蜈蚣等毒虫之毒。因此，端午节饮用雄黄酒寓意驱邪解毒，祈愿身体安康。而五黄在端午节正午食用，更被认为能增强驱邪避毒的效果。这一食俗不仅体现了人们对健康的追求，也寄托了驱邪避害的美好愿望，是我国传统文化中不可或缺的一部分。

任务目标

1. 能够掌握粽子、咸鸭蛋的制作工艺流程。
2. 能够掌握蒸笼的制作方法。

任务分析

蒸笼：切片→编制→组合

粽子：捏底→修料形→腌制→拉刀→贴刀面

咸鸭蛋：捏底→制作蛋白→制作蛋黄→制作蛋壳

} 雕刻配件→组装→摆假山→完成作品

任务操作

1 蒸笼的制作，将白琼脂和灰琼脂取长条，交错编织成蒸笼底部①。

2 用大号圆形模具压出圆形②。

3 白琼脂取短条和长条灰琼脂编织蒸笼侧面③。

4 用澄面捏出三角形作为粽子底坯，半椭圆形作为咸鸭蛋底坯④。

5 青萝卜取长方形料形，切成刀面后做成“粽叶”⑤。

6 把澄面底坯放下，包上“粽叶”，修整多余的刀面⑥。

7 白萝卜切长丝编织成绳子，泡老抽染色后，用来捆绑粽子。
用同样方法制作四个粽子⑦。

8 琼脂取长方形料形，切成刀面后将半椭圆形澄面底坯放上⑧。

9 沿边取下刀面，制作成咸鸭蛋的蛋白部分⑨。

学习笔记

学习笔记

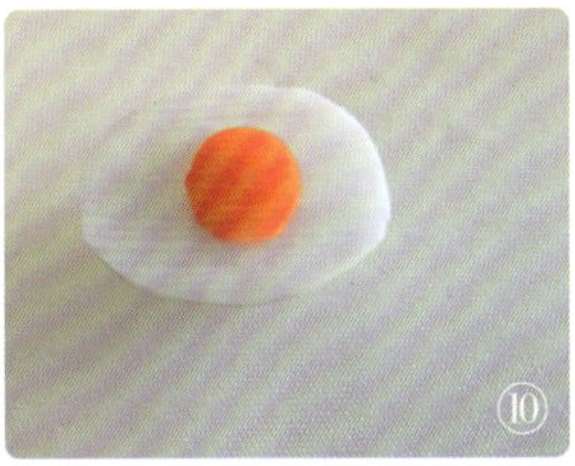

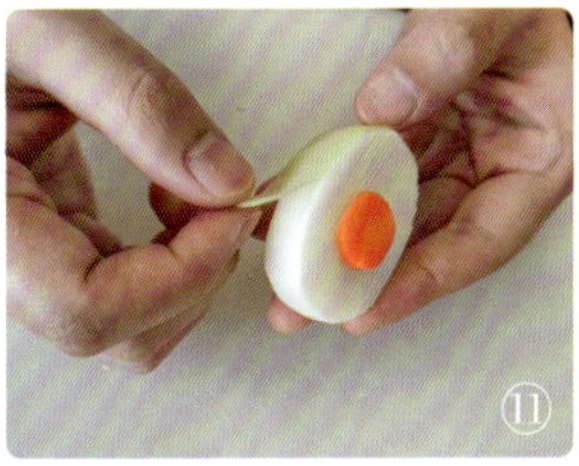

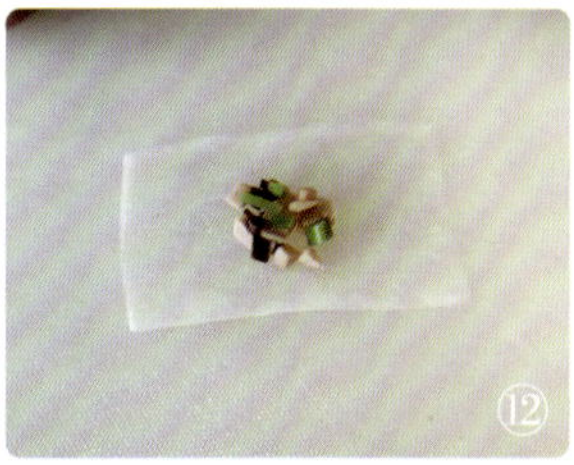

10 胡萝卜刀面用大号掏刀压出圆形，做成蛋黄部分⑩。

11 在底坯外面包上青萝卜片，做成蛋壳，咸鸭蛋制作完成⑪。

12 白萝卜切薄片，当饺子皮，鸡蛋干、青萝卜切粒当饺子馅，包成元宝饺造型⑫。

13 完成配件制作⑬，拼摆装盘。

14 放入编织好的蒸笼，在蒸笼里面放上粽子，边上放上黄酒坛、咸鸭蛋和饺子，用卷花装饰⑭。

15 拼摆假山、萝卜卷、小草等，完成端午安康作品⑮。

任务思考

1. 粽子在包裹刀面时怎么做到一个刀面刚好包裹完整？
2. 蒸笼在编制时怎么做到快速整齐？

学习笔记

训练任务 4　海鲜大咖

任务链接

海参，属于棘皮动物门海参纲，形态多样，常见的大型食用海参呈圆筒状，体壁柔韧且富含结缔组织。全球有900余种，中国约140种，主要分布于黄渤海域及广东、广西、海南等沿海。海参以底质表层的沉积物为食，包括无机物、有机碎屑等。其营养和食疗价值高，可补肾养血，促进个体发育，提高免疫力，延缓衰老。在《本草纲目拾遗》中，海参被赞誉为性温补，足敌人参，具有多种药用功效。海参不仅是海洋生态的重要组成部分，也是人类健康饮食的宝贵资源。

竹荪，是鬼笔科的一种隐花菌类，常寄生在枯竹根部。其形态独特，有深绿色菌帽、雪白色菌柄和粉红色菌托，被誉为“雪裙仙子”。竹荪生长在温湿环境，对湿度和温度有一定要求。竹荪分布广泛，是全球性的菌种。其子实体口感脆嫩、香甜鲜美，是珍贵的山珍之一。在食用与药用方面，竹荪都展现了其独特的价值，深受人们喜爱。

学习笔记

任务目标

1 能够掌握鲍鱼、海参的制作工艺流程。

2 能够掌握竹荪的制作方法。

任务分析

捏底→修料形→腌制→拉刀→贴刀面→雕刻配件→组装→摆假山→完成作品

任务操作

1 取一小块澄面，借助瓶子压出鲍鱼大形①，调整细节，作为鲍鱼底坯②。

2 同时捏出海参和竹荪的底坯③。

3 鲍鱼的制作：南瓜取两头薄料形，按竖纹刀面贴在底坯外沿，直到贴完一圈④。

4 接着取较长刀面贴鲍鱼中间的部位⑤。

5 中间空余处用南瓜切十字花刀后取长条，填满空隙，作出鲍鱼的裙边⑥。

6 海参的制作：灰琼脂取较长的两头薄料形，切成刀面后贴在底坯上⑦⑧。

7 灰琼脂切成尖的小粒，用沙拉酱粘在身体上⑨。

8 竹荪的制作：在白萝卜上用小号U形戳刀，戳上圆孔⑩，用大刀片下⑪，制作竹荪的裙摆。

9 用灰琼脂修成水滴状料形制作菌盖⑫。

10 白琼脂修成两头薄料形，制作菌秆⑬。

11 把菌盖裙摆菌杆拼摆在一起完成竹荪的制作⑭。

12 青萝卜切成长条，编织成网，制作成竹扁⑮。

13 完成配件制作⑯，依次拼摆装盘。

14 放入竹扁、竹荪、海参、鲍鱼⑰。

15 拼摆假山，放上小石头、萝卜卷、小石头等，完成海鲜大咖作品⑱。

任务思考

1 竹荪的裙摆怎么制作得飘逸自然？

2 鲍鱼的底坯捏制时有什么更简便的方法？

学习笔记

学习笔记

任务评价

学生自我评价表（20%）

小组：		姓名：	
评分项目	评分内容	标准	打分
安全教育 （25分）	是否清楚实训安全	非常清楚（20～25分） 基本清楚（10～20分） 不够清楚（0～10分）	
仪容仪表 （25分）	是否规范职业着装	非常规范（20～25分） 基本规范（10～20分） 不够规范（0～10分）	
课前作业 （25分）	是否完成课前学习任务	全部完成（20～25分） 基本完成（10～20分） 没有完成（0～10分）	
课后卫生 （25分）	是否完成课后卫生任务	全部完成（20～25分） 基本完成（10～20分） 没有完成（0～10分）	
		总分	

学生相互评价表（20%）

小组：		姓名：	
评分项目	评分内容	标准	打分
小组合作参与度 （50分）	参与度高与低	积极参与（30～50分） 基本参与（10～30分） 不参与（0～10分）	
沟通能力 （25分）	与小组其他成员之间沟通是否顺畅	沟通顺畅（15～25分） 基本顺畅（5～15分） 不顺畅（0～5分）	
团队协作能力 （25分）	小组之间是否相互合作	合作顺畅（15～25分） 基本顺畅（5～15分） 不合作（0～5分）	
		总分	

学习笔记

教师评价表（60%）

小组:		姓名：	
评分项目	评分内容	标准	打分
选料 （15分）	原料搭配是否合理	搭配合理（10～15分） 基本合理（5～10分） 不合理（0～5分）	
形态 （20分）	造型是否逼真， 立体感强	造型逼真（15～20分） 有大致形态（10～15分） 无明显形态（0～10分）	
刀工 （25分）	刀工是否精细， 形态是否完整	刀工细腻（15～25分） 刀工较为粗糙（5～15分） 刀工粗糙（0～5分）	
色彩 （20分）	色彩搭配是否合理	搭配合理（15～20分） 基本合理（10～15分） 不合理（0～10分）	
构图 （20分）	构图是否合理， 整体是否协调	搭配合理（15～20分） 基本合理（10～15分） 不合理（0～10分）	
		总分	

学习笔记

项目四　动物类冷拼制作

训练任务1　比翼双飞

任务链接

蝴蝶是昆虫纲鳞翅目凤蝶总科昆虫的统称，全球已记录近2万种，中国则有2000多种。它们通常具有棒状或锤状的细长触角，体型中至大型，翅展范围广泛。蝴蝶体躯分头、胸、腹三部分，翅膜上覆盖着鳞片及毛，展现出多彩斑纹。这些“会飞的花朵”白天活跃，以翅抱方式连锁两翅，体态纤细。蝴蝶的美丽与其独特的生物特征相结合，使它们在昆虫世界中独树一帜，成为生态多样性和自然美学的重要组成部分。

任务目标

1 掌握收翅和展翅两种不同造型蝴蝶的制作工艺流程。

2 掌握蝴蝶身体的雕刻方法。

任务分析

捏底→修料形→腌制→拉刀→贴刀面→雕刻配件→组装→摆假山→完成作品

任务操作

学习笔记

1 蝴蝶的制作：用胡萝卜雕刻蝴蝶的身体，雕出头部的唇须和腹部细节①。

2 取小块澄面捏处翅膀造型，用主刀修整，一只收翅，一只展翅②。

3 将南瓜、青萝卜、心里美修成大小不一的水滴形备用③。

4 拉刀成片，抿成往一边斜的刀面④。

5 底托上抹上沙拉酱，将刀面按从大到小的顺序依次拼摆在底托上⑤。

6 在两层颜色中间刷上沙拉酱防止刀面掉落，用同样方法完成三片翅膀的制作⑥。

7 放上身体，完成收翅蝴蝶的制作⑦。

8 展翅蝴蝶的制作用同样方法，调整翅膀颜色即可⑧⑨。

9 完成配件制作⑩，拼摆装盘。

10 拼摆假山、小草、小石头等，完成比翼双飞作品⑪。

任务思考

1. 翅膀和身体在组装时怎么做到自然协调?
2. 制作蝴蝶翅膀颜色的原料还可以换成其他什么原料?

学习笔记

训练任务 2　喜上眉梢

任务链接

喜鹊，属于鸦科鹊属，共有11个亚种。其体长40～50厘米，羽色独特，黑底上显现多彩光泽，翼肩白斑显著。喜鹊常在人类活动区出没，善于在民宅旁大树上筑巢。它们食性杂，繁殖期捕食小型动物，也取食植物果实与种子。全球分布广泛，中国有四个亚种，被视为吉祥的象征。喜鹊的生物学特性与人类的文化情感紧密相连，是生态与文化的重要载体。

任务目标

1. 掌握喜鹊的制作工艺流程。
2. 掌握树枝、梅花的制作方法。

任务分析

喜鹊：捏底→雕鸟头、鸟尾、尾爪→贴羽毛→组装身体
配件：树枝→梅花→叶子→窗格

（以上两项）→组装→摆假山→完成作品

学习笔记

任务操作

1 小鸟的制作：用胡萝卜雕刻鸟头①和鸟尾②，紫薯雕刻鸟爪。

2 用澄面捏出小鸟身体，用螃蟹壳剪成翅膀形状，插在身体上，确定好位置后取下③。

3 灰琼脂、白琼脂、黄节瓜、胡萝卜分别修出身体羽毛料形④，拉刀成片⑤。

4 底坯上留出翅膀位置，抹上沙拉酱⑥，依次从尾部拼摆羽毛⑦。

5 胡萝卜拼摆尾部羽毛，白琼脂拼摆大腿羽毛⑧，灰琼脂和黄节瓜拼摆身体羽毛⑨。

6 用白琼脂拼摆头部羽毛⑩。

7 用灰琼脂做出翅膀大羽，黄节瓜做出中羽⑪。

8 贴上小羽后放在螃蟹壳上⑫。

9 组装上翅膀、鸟头、鸟尾、鸟爪完成喜鹊制作⑬。

10 梅花的制作：大梅花用白琼脂制作，方法与月季花制作相似⑭⑮。

11 外面三瓣花瓣，放上花蕊即可⑯。

12 小梅花用心里美雕刻，用U形戳刀雕刻花瓣，换大头取下即可⑰。

13 用鸡蛋干雕刻梅花树枝⑱⑲。

学习笔记

学习笔记

14 用灰琼脂雕刻窗格⑳㉑。

15 完成所有配件制作㉒，拼摆装盘。

16 先放上窗格、小叶子、梅花和树枝，再放上喜鹊，调整尾巴位置，用小梅花进行装饰㉓。

17 放上假山，完成喜上眉梢作品㉔。

任务思考

1. 喜鹊头部、身体和翅膀的比例怎么做到自然协调?
2. 喜鹊翅膀还能用什么方法实现展翅的效果?

学习笔记

训练任务3　松鹤延年

任务链接

仙鹤是丹顶鹤的别称，属鹤科大型涉禽，体长通常在120~160厘米。其显著特征为白色羽毛基调，头顶鲜红，喉颈黑色，脚亦黑。站立时，黑白红三色分明；飞翔时，次级与三级飞羽及颈部呈黑色，余皆白，极易辨识。幼鸟头颈棕褐，体羽白缀栗色。常结群活动，迁徙和冬季时群体尤大，但活动时仍分小群。夜栖浅滩或苇塘，主食包括鱼虾、水生昆虫、软体动物及水生植物等。

任务目标

1. 掌握仙鹤的制作工艺流程。
2. 掌握松树的制作方法。

任务分析

仙鹤：捏底→雕头部、尾部→贴羽毛→组装身体
配件：雕刻树干→制作树叶→拼摆
（以上两项）→组装→摆假山→完成作品

学习笔记

任务操作

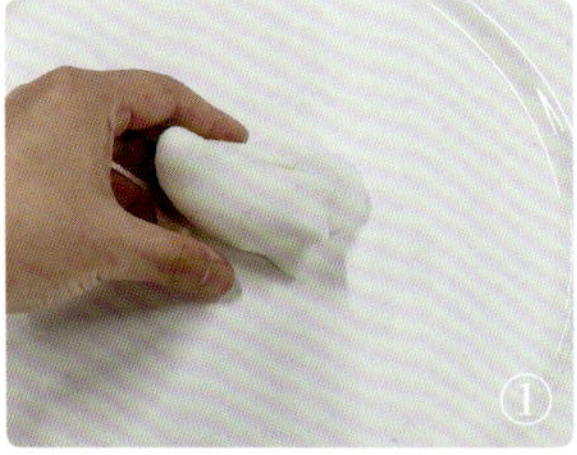

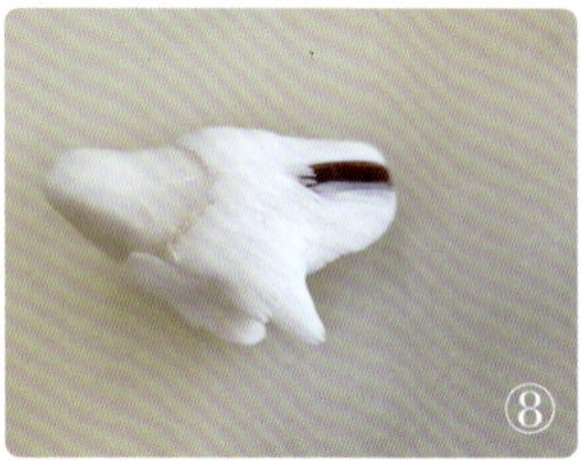

1 仙鹤的制作，澄面揉成椭圆形，捏出仙鹤的脖子、大腿和尾巴备用①。

2 用白琼脂拼接胡萝卜，雕刻出仙鹤头部，修整圆润后，将底部挖空和身体拼接②③。

3 灰琼脂用拉线刀雕刻尾巴羽毛，用主刀取下④，多个拼摆在一起作为尾巴⑤。

4 白琼脂修成水滴形作为尾部和翅膀羽毛，两头尖料形作为身体羽毛⑥。

5 拼摆身体，在尾巴处用水滴形刀面衔接，在中间加入灰琼脂片跳色⑦⑧。

6 用两头尖刀面拼摆一半身体后，放上用水滴形刀面制作的翅膀⑨。

学习笔记

7 接着将身体羽毛全部拼摆完成，装上头部⑩。

8 小黄瓜取小块，切成“佛手片”作为树叶⑪。

9 灰色琼脂雕刻树干，将粗的部分棱角修圆润，用小号陶刀雕出树洞等细节⑫。

10 树叶拼摆在树干上，完成松树制作⑬。

11 完成配件制作，拼摆装盘，放上鹤爪和尾巴羽毛⑭。

12 拼摆小石头和假山、小草等，完成松鹤延年作品⑮。

任务思考

1. 仙鹤头部、身体和翅膀的比例怎么做到自然协调?
2. 仙鹤头部和身体怎么固定才不会掉落?

学习笔记

训练任务 4 金玉满堂

任务链接

金鱼，属鲤科鲫属硬骨鱼类，体型多变，头腹大且粗短，尾分单双。头形、眼形、鳞片种类丰富，鳍大且多样。金鱼原产于中国，偏好光照充足、温度适宜、水质清澈的环境，为杂食性鱼类。繁殖时，雄鱼排出精液与雌鱼卵受精。其寿命受饲养管理和生活环境影响，一般为5~6年，最长可达20年。金鱼形态优美、色彩绚丽，深受人们喜爱，是中国特有观赏鱼品种，已有近千年历史。

任务目标

1. 掌握金鱼的制作工艺流程。
2. 掌握海草的制作方法。

任务分析

捏底→雕头部、贴尾巴→贴鳞片→组装身体→雕刻配件→摆假山→完成作品

任务操作

1 金鱼的制作：取澄面揉成一头大点的椭圆形，将鱼肚捏得更加圆润，在背部留出装背鳍的位置，完成底坯制作①。

2 用胡萝卜雕刻鱼头，青萝卜雕刻腹鳍和背鳍，煮熟的胡萝卜修成“令牌”状的特殊料形②。

3 拉刀成片后，斜着抿开刀面③，贴在底坯的鱼尾位置，调整造型④。

4 用同样方法完成四片尾巴的制作⑤⑥。

5 将胡萝卜切成小圆片，从尾部开始贴上鳞片，中间用青萝卜片跳色⑦⑧。

6 贴完鱼鳞后装上鱼头、鱼鳍，完成金鱼制作⑨。

学习笔记

学习笔记

⑩

⑪

7 用青萝卜雕刻海草⑩。

8 完成配件制作，拼摆装盘，放上海草、假山、小草等，完成金玉满堂作品⑪。

任务思考

1. 鱼尾在制作时怎么做到灵动？
2. 在贴鱼鳞时怎么做到不掉落？

学习笔记

训练任务5 锦上添彩

任务链接

锦鸡，鸡形目雉科锦鸡属鸟类，涵盖白腹与红腹锦鸡。雄鸟羽色艳丽，翠绿、紫红、朱红等色交织；雌鸟则棕褐为主，布满黑斑。锦鸡主要分布于中国中南部地区，栖息于各类森林及林间灌丛，胆小易惊。其为杂食性，以植物及昆虫为食。繁殖期4~7月，雌鸟独立育雏。锦鸡在中国文化中寓意非凡，被视为凤凰的原型之一，也是古代艺术的常见题材。然而，过度狩猎导致其数量锐减，现已被列入国家二级保护动物名录，亟待保护。

任务目标

1. 掌握锦鸡的制作工艺流程。
2. 掌握锦鸡和喜鹊在制作方法上的不同。

任务分析

捏底→雕头、鸟尾、爪子→贴羽毛→组装身体→雕刻配件→组装→摆假山→完成作品

学习笔记

任务操作

1 用胡萝卜雕刻头部，在喜鹊头基础上增加鸡冠即可①。

2 用澄面捏出锦鸡身体和脖子，接着捏出大腿与尾部，装上头部②。

3 将螃蟹壳剪成翅膀形状插在底坯上，确定好位置后取下③。

4 灰琼脂用拉线刀雕刻羽毛，取下后作为锦鸡尾巴④。

5 胡萝卜、青萝卜、心里美、白萝卜修成两头尖料形，拉刀成片后作为羽毛⑤。

6 拼摆身体，用胡萝卜刀面拼摆尾部，白萝卜刀面拼摆腿部⑥。

7 用青萝卜刀面拼摆背部，注意留出翅膀位置⑦。

8 用心里美刀面拼摆腹部，装上翅膀⑧。

9 再用心里美刀面衔接翅膀的接口处⑨。

10 最后用青萝卜拼摆脖子，装上头部⑩和尾巴⑪完成锦鸡制作。

11 完成配件制作，拼摆装盘，用喇叭花和叶子装饰⑫。

12 装上爪子，放上假山，完成锦上添彩作品⑬。

任务思考

1. 锦鸡头部、身体和翅膀的比例怎么做到自然协调？
2. 若变化锦鸡身体的颜色还可以换成其他什么原料？

学习笔记

学习笔记

训练任务6 鸳鸯戏水

任务链接

鸳鸯，属鸭科鸳鸯属，体长约44.5厘米；头、背呈灰褐色；颊、嘴基、喉呈白色，上体余部呈橄榄褐色，尾部转暗褐色；胸侧与两胁呈棕褐色；腹部与尾下覆羽白色；雌雄异色。分布于中国大部分地区，栖息于多样水域，杂食性。繁殖期在4月，窝卵数7～12枚，孵化期约29天。鸳鸯因其成对生活形影不离的习性，在中国文学中成为恩爱夫妻的象征。然而，受森林破坏和非法捕猎影响，全球鸳鸯种群数量下降，中国境内约20000只，被列入国家二级保护动物名录。

任务目标

1. 掌握鸳鸯的制作工艺流程。
2. 掌握雌雄鸳鸯在制作方法上的不同。

任务分析

捏底→雕头→贴羽毛→组装身体→雕刻配件→组装→摆假山→完成作品

学习笔记

任务操作

1 用胡萝卜雕刻头部，鸳鸯额头更高，冠部雕刻时有向上的弧度①。

2 用澄面捏出底坯，尾部略向上翘②。

3 将青萝卜、胡萝卜和心里美修成水滴形，茭白修成两头尖料形③。

4 青萝卜、胡萝卜刀面拼摆尾部④。

5 茭白刀面拼摆背部⑤。

6 翅膀用心里美和胡萝卜制作，蒜苗切片后作为小羽⑥⑦。

7 接着继续用茭白刀面拼摆剩余身体，装上眼睛完成鸳鸯制作⑧。

8 雌鸳鸯身体用相同方法制作，用黄胡萝卜雕刻相思羽插在翅膀尾部，完成雌鸳鸯的制作⑨。

9 完成配件制作，拼摆装盘⑩。

10 放上两只鸳鸯身体，用水波纹装饰，接着放上假山、小草等，完成鸳鸯戏水作品⑪。

任务思考

1 鸳鸯在制作时怎么做到传神?

2 翅膀和小羽在制作时怎么保证不掉落?

任务评价

学生自我评价表（20%）

小组：		姓名：	
评分项目	评分内容	标准	打分
安全教育（25分）	是否清楚实训安全	非常清楚（20～25分） 基本清楚（10～20分） 不够清楚（0～10分）	
仪容仪表（25分）	是否规范职业着装	非常规范（20～25分） 基本规范（10～20分） 不够规范（0～10分）	
课前作业（25分）	是否完成课前学习任务	全部完成（20～25分） 基本完成（10～20分） 没有完成（0～10分）	
课后卫生（25分）	是否完成课后卫生任务	全部完成（20～25分） 基本完成（10～20分） 没有完成（0～10分）	
		总分	

学习笔记

学生相互评价表（20%）

小组:		姓名：	
评分项目	评分内容	标准	打分
小组合作参与度（50分）	参与度高与低	积极参与（30～50分） 基本参与（10～30分） 不参与（0～10分）	
沟通能力（25分）	与小组其他成员之间沟通是否顺畅	沟通顺畅（15～25分） 基本顺畅（5～15分） 不顺畅（0～5分）	
团队协作能力（25分）	小组之间是否相互合作	合作顺畅（15～25分） 基本顺畅（5～15分） 不合作（0～5分）	
		总分	

教师评价表（60%）

小组:		姓名：	
评分项目	评分内容	标准	打分
选料（15分）	原料搭配是否合理	搭配合理（10～15分） 基本合理（5～10分） 不合理（0～5分）	
形态（20分）	造型是否逼真，立体感强	造型逼真（15～20分） 有大致形态（10～15分） 无明显形态（0～10分）	
刀工（25分）	刀工是否精细，形态是否完整	刀工细腻（15～25分） 刀工较为粗糙（5～15分） 刀工粗糙（0～5分）	
色彩（20分）	色彩搭配是否合理	搭配合理（15～20分） 基本合理（10～15分） 不合理（0～10分）	
构图（20分）	构图是否合理，整体是否协调	搭配合理（15～20分） 基本合理（10～15分） 不合理（0～10分）	
		总分	

模块二

冷菜

学习笔记

项目一　实用冷菜制作

训练任务1　香烤黄金瓜

方法一

方法二

任务链接

金瓜，葫芦科南瓜属美洲南瓜变种，别名搅瓜、面条瓜等。一年生蔓生草本，茎长2～5米，密被白色短刚毛。叶柄长8～19厘米，叶片宽卵形或卵圆形，被黄白色刚毛和茸毛，边缘有细齿。雌雄同株，雄花黄色钟状，雌花柱头膨大，顶端2裂。果梗粗壮，瓜形多样，因品种而异，种子灰白色，长10～15毫米，宽7～10毫米。

任务目标

1. 能够掌握烤制类冷菜制作的工艺流程。
2. 能够掌握隔水烤的操作技巧。

任务分析

原料：金瓜，鸡蛋，淡奶油，玉米淀粉，黄油。

调料：白糖。

流程：去皮改刀→蒸制→打蓉→调味→隔水烤→改刀装盘

任务操作

1 将金瓜去皮并切小块①。

2 将切好的金瓜放入蒸烤箱中蒸熟②。

3 冷却后取金瓜1200克、鸡蛋700克、白糖150克、玉米淀粉60克、黄油20克倒入料理机中③，搅拌细腻后倒出。

4 再分两次加入淡奶油320克，搅拌均匀备用④。

5 烤盘垫上锡纸，倒入金瓜蓉，撇去表面浮沫⑤。

6 烤箱预热，上下火180℃，隔水烤45分钟⑥。

7 烤至金瓜成熟凝固后取出，冷却后对金瓜蓉进行改刀⑦，装盘⑧。

8 围边花草点缀，完成菜肴制作⑨。

学习笔记

学习笔记

注意事项

1. 打蓉时，奶油最后加入，搅拌均匀即可，不要将奶油打发。
2. 采用隔水烤的方式口感更嫩，也可避免烤焦。

口味特点

色泽金黄，口感细腻，略带奶香。

学习笔记

训练任务 2　象形玉米慕斯

任务链接

芒果，为漆树科常绿大乔木，茎干细且深绿，叶子大而油绿，花朵小而多，红或黄色，7~8月结果，果实大，表皮橘红且光滑。原产于印度及马来西亚，中国多地有栽培，喜光，对土壤要求较高。繁殖嫁接为主。据《福建药物志》记载：芒果可生津止渴、益胃止呕等，主治多种疾病。被誉为“热带果王”，味香甜汁多，营养丰富，含多种维生素，尤以维生素A最丰。岑滋诗赞其“色香俱全”。

任务目标

1. 能够掌握卷制类冷菜制作的工艺流程。
2. 能够掌握小叶子的工艺流程。

任务分析

原料：芒果，淡奶油，牛奶。

调料：细砂糖，吉利丁片。

流程：去皮改刀→打蓉→调味→脱模→装盘

学习笔记

任务操作

1 将芒果切块，取出净肉约180克①。

2 加入50克牛奶，使用搅拌棒将芒果肉打成泥状②。

3 准备120克淡奶油和55克细砂糖，将淡奶油打至半流动状备用③。

4 将吉利丁片在冷水中泡软后④，隔热水化开后加入芒果泥中，搅拌均匀。

5 将打好的淡奶油加入芒果泥中，再次搅拌均匀⑤。

6 将混合好的芒果奶油泥倒入玉米模具中⑥。

7 将模具放入冷冻冰箱，待表面冻硬后取出⑦。

8 将冻硬的芒果奶油从玉米模具中取出，装盘⑧。

9 使用花草进行围边点缀，增加美观度⑨。

注意事项

1 淡奶油不可打发，呈半流动状即可。

2 冷冻是为了方便脱模，常温或冷藏食用更加。

口味特点

口感软弹，芒果味浓，造型逼真。

学习笔记

训练任务 3 橙香排骨

任务链接

仔排，也称小排骨，是猪胸腔两侧靠近脊椎骨的部分，肉质鲜嫩，口感细腻。因其含有适量的骨髓和丰富的胶原蛋白，经过恰当的烹饪后，可呈现独特的鲜美和滋润口感。在餐饮业中，仔排常用于制作各种美味佳肴，如糖醋排骨、红烧仔排等，深受食客喜爱。此外，仔排还富含蛋白质、脂肪和矿物质等营养成分，具有滋补养生的功效。在食材选择上，仔排因其独特的口感和营养价值，一直是烹饪师们钟爱的食材之一。

任务目标

1. 能够掌握烧制类冷菜制作的工艺流程。
2. 能够运用摆的冷菜手法装盘。

任务分析

原料：仔排，橙子。

调料：食用油，叉烧酱，排骨酱，浓缩橙汁，蒸鱼豉油，味极鲜酱油，老抽，陈醋，白糖，料酒，麻油，香料，葱，姜，蒜。

流程：排骨熟处理→炒糖色→烧制→装盘

学习笔记

任务操作

1 将仔排洗净并控干水分①。

2 将仔排放入六成热油温中炸制成型，然后捞出备用②。

3 在锅中加入半勺食用油和一勺白糖，开小火炒糖色③。

4 当糖浆颜色变红并冒小泡时，离火并倒入开水，形成无甜味无苦味的糖色，然后倒出备用④。

5 在锅中放入底油，加入葱、姜、蒜进行炝锅后放入叉烧酱和排骨酱，炒至与油相互融合。将炸好的排骨放入锅中，翻炒均匀，并在锅边淋上料酒增香⑤。

6 加入熬好的糖色、蒸鱼豉油、少量味极鲜酱油、大量浓缩橙汁、香料、老抽、适量白糖和陈醋，调酸甜味⑥。

7 用小火慢煮，待汤汁浓稠后，放入老抽调色，麻油调味，并加入切好的橙子增加风味⑦。观察汤汁的量，进行大火收汁，使汤汁全部包裹均匀后倒出，待冷却后装盘。

8 使用酱汁刷在盘子上画出线条⑧。

9 装盘，围边花草进行点缀⑨。

学习笔记

注意事项

1. 排骨炸制时不应立刻搅动，等待炸至定型。
2. 加入橙子后不宜过多煮制，避免发苦。

口味特点

色泽红亮，口感酥软，橙香扑鼻。

学习笔记

训练任务 4　兰花猪手冻

任务链接

猪手是经常被人食用的肉品之一，有多种不同的烹调做法。猪手含有丰富的胶原蛋白质，脂肪含量较低。它能防止皮肤干瘪起皱、增强皮肤弹性和韧性，对延缓衰老和促进儿童生长发育都具有特殊意义。

任务目标

1. 能够掌握冻制类冷菜制作的工艺流程。
2. 能够运用排的冷菜手法装盘。

任务分析

原料：咸猪手，西蓝花。

调料：盐，葱，姜，料酒，吉利丁片。

流程：猪手蒸制→猪手改刀→猪手撕碎→压制→西蓝花改刀→装盘

任务操作

1 将咸猪手加入葱、姜、料酒，放入蒸箱中蒸2小时，直到猪手酥烂。蒸好后，倒出原汤备用①。

2 将蒸好的猪手去骨并改刀，将皮朝下平铺在托盘上②。

3 取下的猪手肉用手撕碎，放入铺有猪手皮的托盘中③。

4 再取一个相同的托盘，包上保鲜膜④，并压上砧板备用⑤。

5 将西蓝花改刀成小块⑥，烫至断生⑦后捞出，用冷水过凉。

6 将过凉后的西蓝花改刀切下花碎备用⑧。

7 准备蒸猪手的原汤500毫升⑨，撇去表面油脂。加入软化后的吉利丁片5片，隔水加热至吉利丁片融化⑩。

学习笔记

学习笔记

8 将切好的西蓝花碎加入融化的吉利丁汤中，搅拌均匀⑪。

9 将搅拌好的吉利丁汤倒入压好的猪手上，确保猪手被汤汁完全覆盖⑫。

10 将托盘放入冷藏冰箱中，待汤汁凝固后取出改刀⑬。

11 装盘，围边花草进行点缀⑭。

注意事项

1. 猪手要在托盘中压实，口感更好。
2. 原汤需撇去油脂，色泽更加透亮。

口味特点

咸香扑鼻，口感丰富，层次分明。

训练任务5 肥牛冰激凌

任务链接

草莓果蓉是一种由新鲜草莓经过精细加工制成的食品原料。它保留了草莓的鲜美口感和丰富营养，同时具有更加浓郁的果香和细腻的质地。草莓果蓉可用于制作各种甜点、冰激凌、饮料等，为食品增添独特的风味和色彩。此外，草莓果蓉还富含维生素C、膳食纤维等营养成分，有助于增强免疫力、促进消化。无论是家庭烘焙还是专业烹饪，草莓果蓉都是不可或缺的美味佳品。

任务目标

1. 能够掌握象形肥牛制作的比例配方。
2. 能够掌握渐变色纹路的操作技巧。

任务分析

原料：草莓果蓉，糯米粉，酸奶，淡奶油，牛奶。

调料：玉米糖浆，吉利丁片。

流程：熬制→装盒→冷藏→改刀→装盘

学习笔记

任务操作

1 瘦肉部分①：将草莓果蓉500克、糯米粉40克、玉米糖浆150克放入盆中，边搅拌边加热至成熟，关火加入软化的吉利丁片2片搅拌均匀，倒入碗中稍微冷却后装入裱花袋中备用。

2 肥肉部分②：将酸奶200克、淡奶油100克、牛奶100克、玉米糖浆100克、糯米粉40克同样放入盆中，边搅拌边加热至成熟，关火加入软化的吉利丁片搅拌均匀，倒入碗中稍微冷却后装入裱花袋中备用。

3 在保鲜盒中铺上锡纸，将瘦肉和肥肉交替一层一层地挤到保鲜盒中，挤完后放入冰箱冷藏③。

4 凝固后改刀装盘④。

5 围边花草进行点缀⑤。

注意事项

1. 加热时糯米粉需搅拌均匀，避免结块，加热温度不宜过高。
2. 挤制时层次突出，两种颜色错落有致。

口味特点

造型逼真，香甜可口，入口即化。

学习笔记

训练任务6　爆浆雨花石

任务链接

芋艿为天南星科芋属湿生草本植物，块茎富含淀粉，叶大，佛焰苞黄绿色。芋艿喜高温湿润，花期跨度大，自2月至9月。原产于中国、印度及马来半岛等热带地区，也是埃及、菲律宾等地的重要食料。栽培盛于南方。块茎可食用、制淀粉或入药；叶柄可煮食或晒干贮存；全株可作猪饲料。自古至今，芋艿在粮食和饲料方面均扮演重要角色。

任务目标

1. 能够掌握藏心类冷菜制作的工艺流程。
2. 能够掌握渐变色纹路的操作技巧。

任务分析

原料：芋艿，黑巧克力，白巧克力。

调料：淡奶油。

流程：芋艿蒸制→打蓉→脱模→挂壳→装盘

学习笔记

任务操作

1 将芋艿去皮①后放入蒸箱②蒸熟。

2 冷却后放入破壁机中并加入淡奶油，搅打细腻，放入裱花袋中③。

3 挤入模具内④，插上牙签⑤，放入冰箱冷冻备用。

4 将白巧克力、黑巧克力包上保鲜膜放入蒸箱融化，黑巧克力装入裱花袋中，挤在白巧克力上⑥，达到不均匀的线条感。

5 冻好的芋艿取出，裹上巧克力⑦，等其凝固后取出牙签。

6 用同样方法制作更多大小不一的小石头⑧。

7 装盘，围边花草进行点缀⑨。

注意事项

1. 牙签在放入冰箱之前插上。
2. 巧克力融化时不能进水。
3. 包裹巧克力时表面光滑均匀。

口味特点

口感丰富，口味香甜，造型逼真。

学习笔记

学习笔记

训练任务7 葱香蟹柳卷

任务链接

蟹柳，是以海水或淡水鱼糜为原料，经过精心加工制成的高蛋白、低脂肪海洋食品，其营养结构合理，安全健康。它模拟阿拉斯加雪蟹的蟹腿肉，质地结实有韧性，咸甜适中，风味酷似真实海鲜，极具仿真效果。自1972年日本研发成功以狭鳕鱼糜为原料的蟹棒以来，模拟食品如鱼糜面包、鱼肉火腿等也应运而生。这些产品既可即食，也可作为寿司、火锅等料理的食材，深受国内外消费者喜爱。

任务目标

1. 能够掌握卷制类冷菜制作的工艺流程。
2. 能够运用排的冷菜手法装盘。

任务分析

原料：蟹柳。

调料：绿葱油。

流程：卷制→蒸制→改刀→装盘

任务操作

学习笔记

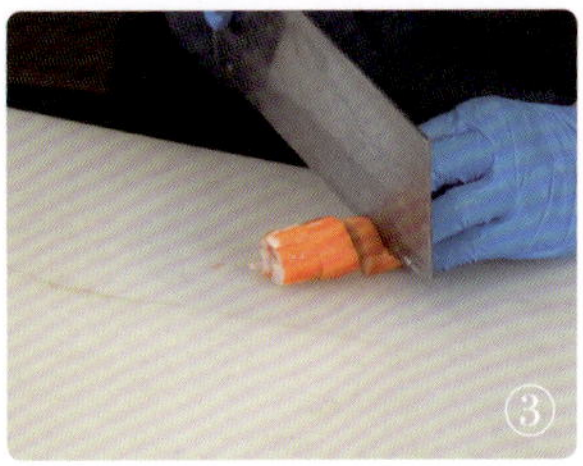

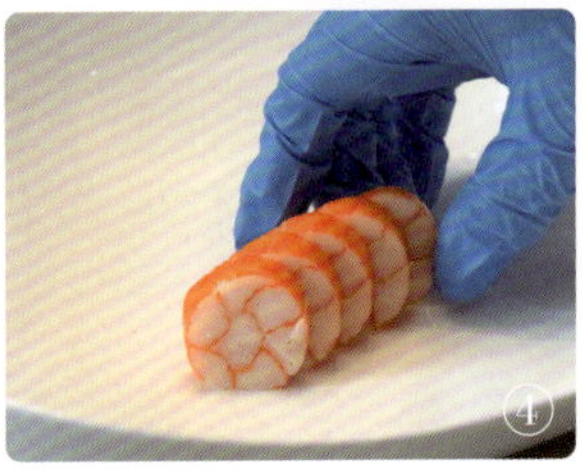

1 蟹柳用保鲜膜卷紧①，放入蒸笼蒸制15分钟后取出冷藏②。

2 用剪刀拆去保鲜膜，改刀成1厘米左右的段③，整齐摆入盘中④。

3 放上黄金柳芽装饰，淋上绿葱油，用围边花草点缀，完成菜肴⑤。

注意事项

1. 保鲜膜需要卷紧避免蟹柳散开。
2. 蟹柳蒸熟后需冷藏便于改刀。

口味特点

肉质紧实，咸鲜适口，略带葱香。

学习笔记

训练任务8 海鲜啫喱杯

任务链接

三文鱼是冷水性高度洄游鱼类，英文名为Salmon，身体呈纺锤状，背部银蓝，侧线上方有黑斑，腹部渐变为白色，鱼肉橘红。分布于北半球的大洋，尤其是鄂霍次克海和白令海。幼时摄食浮游生物，长大后转为肉食性。三文鱼洄游产卵后雌雄均会死去，寿命最长可达7年。其性平，具有多种健康功效，如补血养虚、降压清脂等，被誉为“水中珍品”。其肉质软滑细腻，是制作刺身的优质食材，也可烟熏食用，风味独特。

任务目标

1. 能够掌握琼脂啫喱杯制作的工艺流程。
2. 能够运用堆的冷菜手法装盘。

任务分析

原料：三文鱼，青豆，鱼子酱。

调料：卡拉胶，橄榄油，芥末油，浓缩鸡汁，盐，味精。

流程：琼脂融合→脱模→成形→原料改刀→调味→装盘

任务操作

1 将卡拉胶放入热水中，隔水搅拌，直至达到无颗粒状、澄清的状态①。

2 将模具从冰水中取出②，擦干。

3 蘸取卡拉胶皮水③，使模具表面均匀地覆盖一层皮水。

4 将蘸好卡拉胶皮水的模具再次放入冰水中进行冷却。待冷却后，取下模具外面的皮水，此时即形成了啫喱杯④。

5 将三文鱼加入盐、味精和芥末油进行调味，使其口感更加丰富⑤。

6 将青豆加入浓缩鸡汁和橄榄油进行调味，提升味道和口感⑥。

7 先在啫喱杯中加入调味后的青豆，再加入调味后的三文鱼⑦。

8 装盘，最后放上鱼子酱作为点缀，增加菜品的美感⑧。

学习笔记

学习笔记

注意事项

1 做啫喱杯时模具也需冷却，便于脱模。

2 青豆和三文鱼装盘时层次明显。

口味特点

色泽透亮，口感多样，略带芥香。

学习笔记

训练任务 9 辣卤油浸小鲍鱼

任务链接

鲍鱼，被誉为“海珍之冠”，是一种珍贵的海洋贝类食材。其肉质细嫩、滋味鲜美、营养丰富，含有丰富的蛋白质、矿物质和维生素。鲍鱼在烹饪上有着广泛的应用，可以清蒸、红烧、炖汤等多种方式呈现。无论是中式烹饪还是西式料理，鲍鱼都能展现出其独特的口感和风味。因其珍稀和高档，鲍鱼成了宴席和庆祝场合的常客，象征着尊贵和豪华。

任务目标

1. 能够掌握鲍鱼的宰杀和清洗方法。
2. 能够掌握辣卤制作的方法。

任务分析

原料：六头鲍鱼。

调料：盐，面粉，白芝麻，红油，老卤，烧椒酱，鱼子酱。

流程：鲍鱼宰杀清洗→熬辣卤→卤制→改刀→装盘

学习笔记

任务操作

1 将新鲜鲍鱼用盐腌制，加入面粉刷去黑膜①②。

2 将鲍鱼带壳放入蒸箱蒸熟，放入冰水中去壳去内脏，清洗干净③。

3 放入老卤中卤制2～3分钟，捞出放入盘中④。

4 将鲍鱼改刀对切开，准备装盘⑤。

5 先在盘中加入红油⑥，放入鲍鱼⑦。

6 撒上白芝麻，鲍鱼上面放上烧椒酱和鱼子酱点缀，完成装盘⑧。

注意事项

1 鲍鱼卤制时间不宜过长。

2 老卤需提前熬制。

老卤的调制：将红油、白酒、鸡粉、盐、味精、水、麦芽糖、子弹头辣椒、二荆条辣椒、花椒、香茅草、丁香、香叶、放入锅中煮开即可。

口味特点

麻辣鲜香，色泽红亮，口感软弹。

学习笔记

训练任务10 葫芦鹅肝

任务链接

鹅肝，被誉为“世界三大美食”之一，是源自法国的经典美食。它采用特定的饲养方式，让鹅在特定时间内积累丰富的脂肪，从而形成独特的细腻口感和丰富风味。鹅肝不仅口感滑嫩，还富含不饱和脂肪酸、维生素等营养成分，具有滋补身体、提高免疫力的功效。在烹饪上，鹅肝可以煎、烤、炖等多种方式呈现，如经典的法式煎鹅肝、红酒炖鹅肝等，都是让人回味无穷的佳肴。

任务目标

1. 能够掌握冻制类菜肴制作的工艺流程。
2. 能够掌握皮水的制作方法。

任务分析

原料：鹅肝。

调料：巧克力酱，白砂糖，红糖水，鱼胶片，清酒，葱，姜，牛奶，酱油，奥利奥饼干碎，辣木苗，小米辣。

流程：准备皮水备用→鹅肝调味蒸熟→鹅肝打蓉→挤入模具做出造型→挂皮水→装盘

学习笔记

任务操作

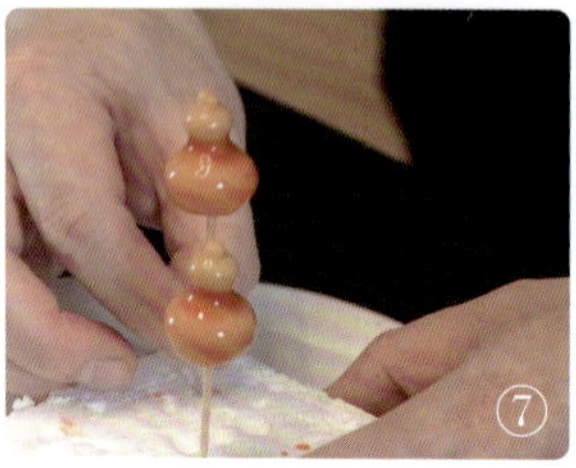

1 将红糖水、白砂糖、巧克力酱、鱼胶片加入热水中，搅拌均匀，调成皮水备用①。

2 将鹅肝放入清酒、葱、姜、牛奶、水中，蒸熟②。

3 将蒸熟的鹅肝放入酱油、清酒、小米辣调成的汁水中浸泡入味③。

4 取出鹅肝用破壁机打成蓉④，装入裱花袋中。

5 挤入葫芦模具⑤，放入冷冻冰箱冻硬。

6 将冻好的鹅肝取出模具后，插上牙签，在皮水中蘸一下⑥。

7 挂上皮水，插在泡沫板上等待凝固⑦。

8 在盘中放入奥利奥饼干碎打底，将辣木苗插在葫芦上装饰，摆入盘中⑧。

注意事项

1. 挂皮水时鹅肝要冰，皮水温度控制在30℃左右。
2. 皮水可以反复挂多次直到达到理想效果。
3. 可以调整巧克力酱的多少以改变皮水颜色，做成棕色葫芦。

口味特点

造型逼真，口感细腻，入口即化。

学习笔记

训练任务11 万紫千红翡翠笋

任务链接

莴苣，菊科一年生或二年生草本植物，根垂直，茎直立且白，叶椭圆波状，花冠球形，果实浅褐色倒披针形，种子呈黑褐色或灰白色，花果期2~9月。莴苣其茎肥大如笋，原产于地中海沿岸，分布于欧洲、美洲，5世纪时传入中国，现各地均有栽培。莴苣耐寒喜湿，宜在黏质壤土或壤土中生长，繁殖方法包括无性繁殖和有性繁殖。此外，莴苣在文学中也有价值，如杜甫诗《种莴苣》以莴苣比喻君子之德。

任务目标

1. 能够掌握浸制类冷菜制作的工艺流程。
2. 能够运用摆的冷菜手法装盘。

任务分析

原料：莴苣，胡萝卜，火腿片，姜牙。

调料：泡椒，盐，醋，糖。

流程：改刀→调汁→浸泡→装盘

任务操作

1 将莴苣改刀切大片，沸水焯水①，颜色变绿后捞出，放入冷水中备用。

2 准备汁水，在纯净水中加入泡椒、盐、醋、糖，搅拌均匀，将莴苣沥干水分泡入汁水中②。

3 将胡萝卜去皮雕刻成球形③，一起泡入汁水，冷藏2小时使其入味④。

4 将莴苣片平铺在砧板上，将胡萝卜条卷在里面备用⑤。

5 用同样方法将姜牙卷在莴苣里面⑥，改刀使其更加规整⑦。

6 将胡萝卜球放在顶部装饰⑧。

7 将火腿片改刀成和莴苣一样大小，放在莴苣卷上⑨。

8 装盘，用围边花草点缀⑩。

学习笔记

学习笔记

注意事项

1 莴苣片大小一致，不宜太薄。

2 焯水时间不宜过久，色泽变绿后立即用冰水过凉。

口味特点

色泽碧绿，口感脆爽。

学习笔记

训练任务12　富贵虾籽拌茭白

任务链接

茭白，别名高瓜、菰笋等，是禾本科菰属的多年生宿根草本植物，分为双季和单季两种，双季茭白产量和品质均优。古人称之为“菰”，唐代前作为粮食作物，其种子为菰米或雕胡，属“六谷”之一。后发现部分菰感染黑粉菌后不抽穗，茎部膨大形成纺锤形肉质茎，即现今食用的茭白。人们利用此特性，繁殖此畸形植株作蔬菜。茭白可入药，且仅中国和越南将其作为蔬菜栽培。在山东新泰白庄子，茭白被誉为“三好”之一，流传至今。茭白主要生长在长江湖地一带的淡水环境中。

任务目标

1. 能够掌握拌制类冷菜制作的工艺流程。
2. 能够运用堆的冷菜手法装盘。

任务分析

原料：茭白，莴苣，虾籽，生姜。

调料：鲜味宝，葱油，米醋，盐。

流程：改刀→调汁→拌制→装盘

学习笔记

任务操作

1 将生姜拍碎，倒入榨汁机中加入清水榨成姜汁，用煲鱼袋过滤，加入鲜味宝、葱油、米醋、盐搅拌均匀，调成汁备用①。

2 将茭白去皮切成丝②，莴苣切厚片，雕刻成围栏③。

3 将茭白丝④和莴苣片⑤分别焯水过凉，控干水分。

4 在茭白丝中倒入适量的汤汁⑥，搅拌均匀后装盘⑦。

5 在茭白上撒上虾籽，用围边花草点缀⑧。

注意事项

1. 茭白丝长短一致，切火柴梗粗细，不宜过细。
2. 茭白焯水时间不宜过长，不能煮软。

口味特点

爽口开胃，甘甜入味。

学习笔记

训练任务13 脆皮巧肉配凤梨

任务链接

松板肉，又称猪颈肉，位于猪颈两边，因其稀少而珍贵。这块肉质地鲜嫩，含有丰富的脂肪和筋腱，口感肥而不腻，香而鲜嫩。其独特的纹理使得松板肉在烹饪过程中能够保持肉质的嫩滑和口感的鲜美。无论是煎、炒、烤还是炖，松板肉都能展现出其独特的魅力。在高级料理中，松板肉常被视为一种珍贵的食材，为美食家们所喜爱。

任务目标

1. 能够掌握照烧类冷菜制作的工艺流程。
2. 能够运用排的冷菜手法装盘。

任务分析

原料：松板肉，凤梨，葱，生姜。

调料：食用油，鸡饭老抽，味极鲜，辣鲜露，黑醋，陈醋，糖，生粉，料酒。

流程：腌制→蒸制→调汁→改刀→烧制→装盘

学习笔记

任务操作

1 将生姜切片，葱切段，松板肉平铺在托盘中，加入姜片、葱段、料酒去腥，放入蒸箱中，蒸20分钟后取出①。

2 改刀切成长方片②，拍上生粉，锅内放油升至五成热，放入松板肉炸制成熟，沥油备用③。

3 调制料汁：将鸡饭老抽、味极鲜、辣鲜露、黑醋、陈醋、糖搅拌均匀。锅中加入一勺料汁，烧开后加入松板肉翻拌均匀，汁水紧包，捞出备用④。

4 将凤梨改刀，切成和松板肉一样大小的厚块，用喷枪烤上色⑤。

5 装盘，用围边花草点缀⑥。

注意事项

1 改刀时凤梨和松板肉大小一致。

2 五成热油温炸制，使松板肉外脆里嫩。

口味特点

口味丰富，松板肉外脆里嫩，凤梨酸甜可口。

学习笔记

训练任务14　手作黄心鲈鱼卷

任务链接

鲈鱼一般指花鲈，是花鲈科鱼类，身体呈纺锤形，背部青灰，腹部灰白，背鳍和尾鳍灰白至灰黑色，边缘黑色。分布于西北太平洋和中国沿海，为暖温性底层鱼类，常溯河至淡水觅食，秋末回河口产卵。花鲈凶猛，以小鱼和甲壳动物为食。产卵期为9月中旬至11月，部分个体4月产卵。花鲈是次要经济鱼类和近海重要渔业对象，其肉鲜嫩，可鲜销或制成咸干品。

任务目标

1. 能够掌握卷制类冷菜制作的工艺流程。
2. 能够运用摆的冷菜手法装盘。

任务分析

原料：鲈鱼，咸蛋黄，葱段，姜片，线椒，蒜末，胡萝卜。

调料：料酒，盐，麻油。

流程：改刀→调汁→浸泡→装盘

学习笔记

任务操作

1 将鲈鱼肉取下，取掉肚档，取净肉①。

2 将鱼肉放入托盘中，加入葱段、姜片、料酒、盐、清水，腌制半小时去腥②。

3 将鱼肉取出吸干表面水分，将蒸好的咸蛋黄放在鱼肉中间③。

4 用保鲜膜卷紧④，边卷边压咸蛋黄，两边收紧，排出空气。放入蒸箱蒸15分钟。

5 线椒用喷枪烤成虎皮状⑤，洗去表面黑皮后，去籽，剁碎。

6 在线椒碎中加入蒜末、盐、麻油搅拌均匀，调成烧椒酱备用⑥。

7 鲈鱼卷切去两端保鲜膜后取出改刀成段⑦。

8 胡萝卜蒸熟，改刀成同样长短的厚片⑧。

9 装盘，用围边花草点缀⑨。

注意事项

1 卷制时保鲜膜要包紧实，避免蛋黄从两边露出。

2 鲈鱼卷进蒸箱，蒸汽不宜太大。

学习笔记

口味特点

造型新颖，咸鲜可口。

任务评价

学生自我评价表（20%）

小组：		姓名：	
评分项目	评分内容	标准	打分
安全教育（25分）	是否清楚实训安全	非常清楚（20～25分） 基本清楚（10～20分） 不够清楚（0～10分）	
仪容仪表（25分）	是否规范职业着装	非常规范（20～25分） 基本规范（10～20分） 不够规范（0～10分）	
课前作业（25分）	是否完成课前学习任务	全部完成（20～25分） 基本完成（10～20分） 没有完成（0～10分）	
课后卫生（25分）	是否完成课后卫生任务	全部完成（20～25分） 基本完成（10～20分） 没有完成（0～10分）	
		总分	

学生相互评价表（20%）

小组：		姓名：	
评分项目	评分内容	标准	打分
小组合作参与度（50分）	参与度高与低	积极参与（30～50分） 基本参与（10～30分） 不参与（0～10分）	
沟通能力（25分）	与小组其他成员之间沟通是否顺畅	沟通顺畅（15～25分） 基本顺畅（5～15分） 不顺畅（0～5分）	
团队协作能力（25分）	小组之间是否相互合作	合作顺畅（15～25分） 基本顺畅（5～15分） 不合作（0～5分）	
		总分	

学习笔记

教师评价表（60%）

小组:		姓名:	
评分项目	评分内容	标准	打分
选料 （15分）	原料搭配是否合理	搭配合理（10～15分） 基本合理（5～10分） 不合理（0～5分）	
形态 （20分）	造型是否逼真， 立体感强	造型逼真（15～20分） 有大致形态（10～15分） 无明显形态（0～10分）	
刀工 （25分）	刀工是否精细， 形态是否完整	刀工细腻（15～25分） 刀工较为粗糙（5～15分） 刀工粗糙（0～5分）	
色彩 （20分）	色彩搭配是否合理	搭配合理（15～20分） 基本合理（10～15分） 不合理（0～10分）	
构图 （20分）	构图是否合理， 整体是否协调	搭配合理（15～20分） 基本合理（10～15分） 不合理（0～10分）	
		总分	

项目二　刺身制作

学习笔记

训练任务1　三文鱼刺身

任务链接

北极贝，学名库页岛马珂蛤，又称北寄贝、姥贝，是帘蛤目马珂蛤科动物。其壳质坚韧、卵圆形，对称且表面有黄褐色壳皮和同心生长线。北极贝分布于亚寒带海域，生长缓慢，需12年方成，故口感鲜甜。加拿大是其唯一出口国。其肉质肥美，富含蛋白质、不饱和脂肪酸及ω-3，具有滋阴平阳、养胃健脾等保健功效。然而，与红葡萄酒同食可能引发痛风，皮肤病患者食用可能加重病情。

任务目标

1. 能够掌握三文鱼的改刀方法。
2. 能够掌握刺身造型的摆拍方法和技巧。

任务分析

原料：三文鱼，北极贝，希鲮鱼子。

流程：原料清洗→改刀→制冰打底→围边装饰→拼摆完成

学习笔记

任务操作

1 将三文鱼去皮，取下净肉①。

2 用镊子拔去鱼刺②。

3 改刀切成厚片备用③。

4 鱼腹斜刀切成薄片，在砧板上排列整齐，从一头卷制成小花造型④。

5 北极贝去掉根部从中间片开，交错摆放⑤。

6 将希鲮鱼子改刀成段备用⑥。

7 盘中铺上碎冰，放上装饰物，用碎冰做成高低不一的冰柱⑦。

8 改刀过后的原料垫上大叶或柠檬片放在冰柱上⑧。

9 用围边花草点缀，完成装盘⑨。

注意事项

1 三文鱼不可切得太薄，影响口感。

2 制作时要迅速，保证食材新鲜。

学习笔记

训练任务2　象拔蚌刺身

任务链接

象拔蚌，属于海螂目潜泥蛤科海神蛤属，是一种大型贝类。其贝壳薄脆，两壳等大，前端附副壳，呈淡褐黄色。水管发达，表皮白色，无法完全缩回壳内。壳面前端锯齿状，肉管粗且多肉，因形似象鼻而得名。分布于全球多地深海砂地或平静内湾。活动力弱，长至15厘米后多定居穴中。以单细胞藻类、沉积物及有机碎屑为食。雌雄异体，繁殖期为4~7月，寿命可超百年。

甜虾，一种生长在冰冷深海的小型野生虾类。其肉质鲜嫩，口感清甜，营养丰富，富含优质蛋白质、不饱和脂肪酸、维生素及多种矿物质。甜虾的捕捞和加工过程严格遵循国际标准，确保其新鲜度和安全性。甜虾的食用方法多样，既可生食，也可烹饪成各种美味佳肴，如甜虾寿司、甜虾沙拉等。由于其独特的口感和营养价值，甜虾已成为世界各地食客喜爱的美食之一。

学习笔记

任务目标

1. 能够掌握象拔蚌的改刀方法。
2. 能够掌握刺身造型的摆盘方法和技巧。

任务分析

原料：象拔蚌，甜虾，鱼子酱。

流程：原料清洗→改刀→制冰打底→围边装饰→拼摆完成

任务操作

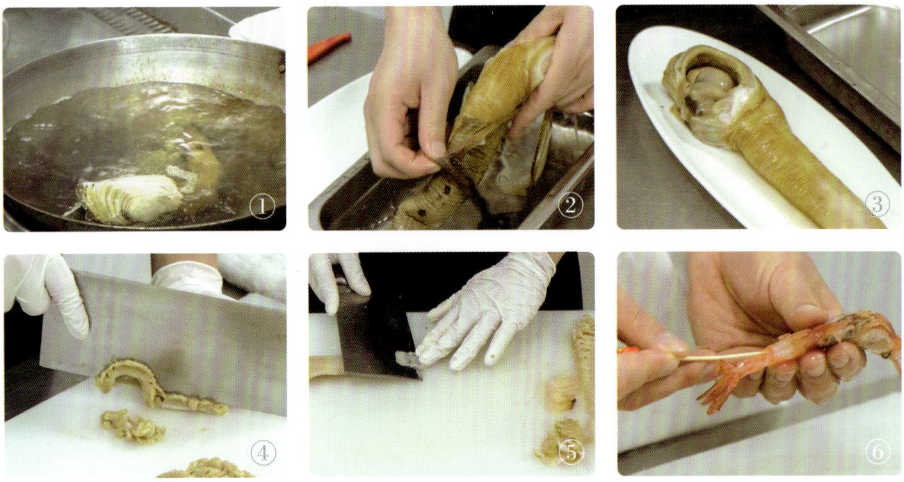

1 将象拔蚌放入沸水中略烫①后迅速捞出放入冰水中。

2 去掉蚌壳，撕去表面黑膜②，去掉内脏。

3 用钢丝球刷去表面污渍，在清水中清洗干净③。

4 尾部剞上花刀切成段④。

5 头部改刀切成薄片⑤。

6 甜虾插上艺术牙签便于造型⑥。

7 在盘中铺上碎冰，放上装饰物，用碎冰做成墙⑦。

8 将改刀过后的象拔蚌片整齐铺在冰墙上⑧。

9 放上甜虾和鱼子酱，用围边花草点缀，完成装盘⑨。

注意事项

1. 象拔蚌烫制时间不宜过长。
2. 象拔蚌切片时厚薄一致，不宜过厚。

学习笔记

学习笔记

训练任务3　醉蟹小龙虾刺身

任务链接

河蟹，也称"螃蟹"或"毛蟹"，头胸甲方圆且坚硬，前端有一对锐利蟹齿。其显著特征为螯足绒毛密布，步足侧扁而长，腹肢已退化。雌蟹腹部圆润，雄蟹则呈三角形。河蟹为大型甲壳动物，全身分头胸部与腹部两部分，共21节，头胸甲平均长7厘米，宽7.5厘米，背面呈墨色。河蟹多穴居江、河、湖沼泥地，夜间活跃，以鱼、虾、动物尸体及谷物为食。每年秋季，河蟹会洄游至河口产卵，次年3~5月孵化成幼蟹后，再溯江洄游。其肉质鲜嫩，经济价值高，深受人们喜爱。

小龙虾，原产于墨西哥北部和美国南部，现分布于全球40多个国家和地区，在中国长江中下游尤为常见。其甲壳坚硬，体形呈圆筒状，具有丝状鳃和触须。小龙虾夜行性，白天隐藏，夜晚活动，适应力强，生长迅速，有掘穴习性且凶猛好斗。食性广泛，包括植物、小鱼、小虾、浮游生物和藻类等。繁殖盛期在8~9月，雌虾在泥土中打洞繁殖。小龙虾肉质鲜美，蛋白质含量高，是营养丰富的食品，也是农民增收的重要来源。然而，小龙虾的快速扩散可能对当地生物群落、土壤结构和农田水利设施造成严重影响，已被列入中国外来入侵物种名单。

学习笔记

任务目标

1. 能够掌握河蟹的改刀方法。
2. 能够掌握刺身造型的摆盘方法和技巧。

任务分析

原料：生腌河蟹，熟醉小龙虾，鱼子酱。

流程：原料清洗→改刀→制冰打底→围边装饰→拼摆完成

任务操作

1. 将生腌河蟹去掉肚脐，改刀，中间对切开即可①。
2. 将熟醉小龙虾插上竹扦，便于造型②。
3. 在盘中铺上碎冰，放上装饰物，冰块堆成山丘状③。
4. 插上小龙虾，放上河蟹、鱼子酱④。
5. 用围边花草点缀，完成装盘⑤

注意事项

1. 小龙虾装盘时高低有致。
2. 河蟹装盘时蟹黄朝上，避免流失。

学习笔记

任务评价

学生自我评价表（20%）

小组:		姓名：	
评分项目	**评分内容**	**标准**	**打分**
安全教育 （25分）	是否清楚实训安全	非常清楚（20～25分） 基本清楚（10～20分） 不够清楚（0～10分）	
仪容仪表 （25分）	是否规范职业着装	非常规范（20～25分） 基本规范（10～20分） 不够规范（0～10分）	
课前作业 （25分）	是否完成课前 学习任务	全部完成（20～25分） 基本完成（10～20分） 没有完成（0～10分）	
课后卫生 （25分）	是否完成课后 卫生任务	全部完成（20～25分） 基本完成（10～20分） 没有完成（0～10分）	
		总分	

学生相互评价表（20%）

小组:		姓名：	
评分项目	**评分内容**	**标准**	**打分**
小组合作参与度 （50分）	参与度高与低	积极参与（30～50分） 基本参与（10～30分） 不参与（0～10分）	
沟通能力 （25分）	与小组其他成员之间 沟通是否顺畅	沟通顺畅（15～25分） 基本顺畅（5～15分） 不顺畅（0～5分）	
团队协作能力 （25分）	小组之间是否 相互合作	合作顺畅（15～25分） 基本顺畅（5～15分） 不合作（0～5分）	
		总分	

学习笔记

教师评价表（60%）

小组：		姓名：	
评分项目	评分内容	标准	打分
选料 （15分）	原料搭配是否合理	搭配合理（10～15分） 基本合理（5～10分） 不合理（0～5分）	
形态 （20分）	造型是否逼真， 立体感强	造型逼真（15～20分） 有大致形态（10～15分） 无明显形态（0～10分）	
刀工 （25分）	刀工是否精细， 形态是否完整	刀工细腻（15～25分） 刀工较为粗糙（5～15分） 刀工粗糙（0～5分）	
色彩 （20分）	色彩搭配是否合理	搭配合理（15～20分） 基本合理（10～15分） 不合理（0～10分）	
构图 （20分）	构图是否合理， 整体是否协调	搭配合理（15～20分） 基本合理（10～15分） 不合理（0～10分）	
		总分	

模块三

雕刻

学习笔记

项目　围边雕刻制作

训练任务1　花韵四季

子任务1　春天：月季花

任务目标

1. 能够掌握月季花雕刻的工艺流程。
2. 能够掌握月季花作品的组装方法和技巧。

任务分析

原料：白萝卜，青萝卜，胡萝卜，紫薯，冬瓜皮。

流程：雕刻月季花→花苞→树枝→叶子→小草→组装→完成

任务操作

1 用胡萝卜雕刻月季花，用主刀修出上小下大的圆台形①。

2 修去五个边的废料②。

3 雕刻出第一层花瓣③。

4 去废料后雕刻第二层花瓣④。

5 用相同的步骤去废料雕刻第三层和第四层花瓣⑤。

6 接着向里雕刻花蕊，完成月季花雕刻⑥。

7 胡萝卜用挖球器取圆球⑦。

8 用U形戳刀雕刻花瓣，用主刀取废料，完成花苞雕刻⑧。

9 青萝卜取大片用水溶笔画出树枝大形⑨。

10 用主刀沿边缘取下雕出树枝，用小号掏刀稍作修饰⑩。

学习笔记

学习笔记

⑬

⑭

⑮

⑯

⑰

11 取青萝卜皮，用水溶笔画出叶子形状⑪。

12 用主刀顺着边缘取下，用拉线刀拉出叶子叶脉⑫。

13 冬瓜皮取薄片雕刻小草⑬。

14 用白萝卜雕出碗形，底部用紫薯装饰，作为底座⑭。

15 完成配件开始组装，在底座上插上竹扦装上月季花⑮。

16 装上叶子，接着装上花秆、花苞、树枝、小草等配件⑯。

17 完成月季花作品⑰。

注意事项

1. 月季花取废料时要干净清爽，一刀取下，花瓣要上薄下厚。
2. 树枝和小草线条柔顺，不毛糙。
3. 组装时整体协调美观。

子任务2　夏天：荷花

任务目标

1. 能够掌握荷花雕刻的工艺流程。
2. 能够掌握荷花作品的组装方法和技巧。

任务分析

原料：白萝卜，青萝卜，胡萝卜。

流程：雕刻莲蓬→雕刻花瓣→组合荷花→花苞→荷叶→组装→完成

任务操作

1 莲蓬制作：青萝卜取大块，皮朝上修成圆柱形①。

2 将胡萝卜挖出小球作为莲子②。

3 用拉线刀在胡萝卜上雕刻花蕊，粘在莲蓬上③。

4 将白萝卜切成梯形大块，用主刀修成荷花花瓣料形④。

5 用大号掏刀取下花瓣⑤。

6 用主刀将花瓣两边修薄⑥。

7 用同样方法制作更多花瓣，将花瓣组装到莲蓬上⑦。

8 一层5瓣，第二层粘到第一层花瓣中间，一共三层，完成荷花的制作⑧。

9 白萝卜取厚片，用水溶笔画出花瓣形状⑨。

10 用主刀雕刻成花骨朵，底部粘上青萝卜雕刻的花秆⑩。

学习笔记

学习笔记

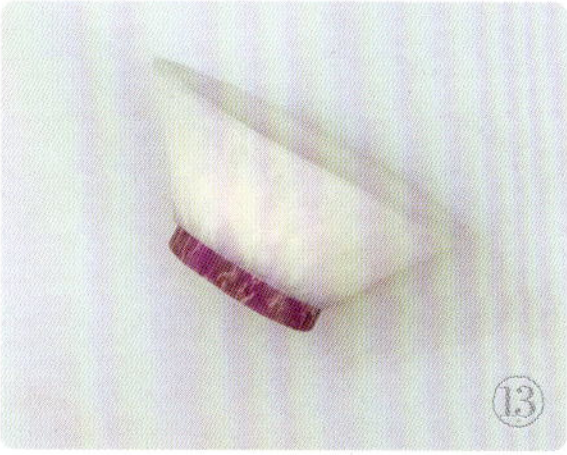

11 青萝卜皮切成椭圆形后，用水溶笔画出荷叶形状⑪。

12 主刀沿边缘取下，用拉线刀拉出纹路，完成荷叶制作⑫。

13 用白萝卜和紫薯制作与月季花作品相同的碗形底座⑬。

14 青萝卜取长条状雕刻成细长的小草⑭。

15 完成配件开始组装，在底座上插上竹扦装上荷花⑮。

16 接着装上花骨朵、荷叶、小草等配件⑯。

17 完成荷花作品⑰。

注意事项

1. 荷花花瓣取下后需两边打薄，组装时要错落有致。
2. 荷叶拉纹路时深浅一致，线条要直。

子任务3 秋天：百合花

任务目标

1. 能够掌握百合花雕刻的工艺流程。
2. 能够掌握百合花作品的组装方法和技巧。

任务分析

原料：白萝卜，青萝卜，胡萝卜，紫薯，心里美萝卜。

流程：雕刻花瓣→花蕊→组合百合花→叶子→石头→组装→完成

任务操作

1 白萝卜取大块，顶部修成弧形①。

2 用拉线刀修出叶脉②。

3 用主刀取下花瓣③。

4 用同样方法制作更多花瓣备用④。

5 取一段胡萝卜雕刻花蕊⑤。

6 将花瓣组装在花蕊上，完成百合花的制作⑥。

7 用白萝卜和紫薯制作与月季花作品相同的碗形底座⑦。

8 完成配件开始组装，在底座上插上花秆装上百合花⑧。

9 接着组装叶子，用心里美萝卜雕刻小石头装饰⑨。

10 完成百合花作品⑩。

学习笔记

学习笔记

注意事项

1. 百合花瓣雕刻时弧度自然，粘花瓣时注意向外绽放。
2. 整体组装时高低有致，叶子多而不乱。

子任务4　冬天：水仙花

任务目标

1. 能够掌握水仙花雕刻的工艺流程。
2. 能够掌握水仙花作品的组装方法和技巧。

任务分析

原料：白萝卜，茭白，胡萝卜，冬瓜皮。

流程：雕刻花瓣→花蕊→组合水仙花→叶子→根部→组装→完成

任务操作

1 水仙花制作：茭白取大块，用大号掏刀挖出圆片①。

2 用主刀修出花瓣的形状②。

3 胡萝卜用U形戳刀雕刻成花蕊③。

4 将花瓣粘在花蕊上，完成水仙花的制作④。

5 白萝卜取厚片，用水溶笔画出根部大形⑤。

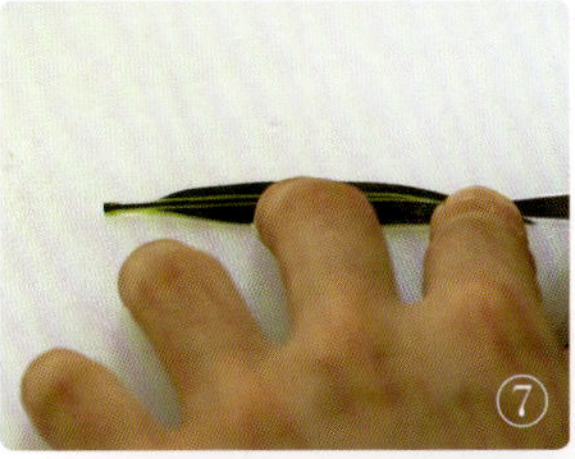

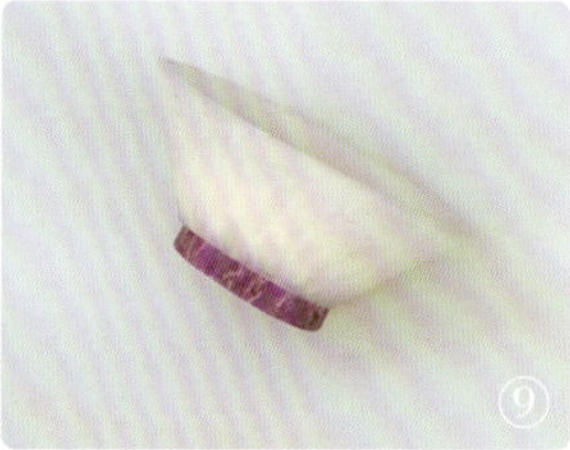

6 用主刀雕刻出根部的叶片，完成根部的制作⑥。

7 冬瓜皮用拉线刀拉出叶脉，主刀雕刻出水仙花叶子⑦。

8 用同样方法雕出多个水仙花叶子，粘在根部上⑧。

9 用白萝卜和紫薯制作与月季花作品相同的碗形底座⑨。

10 完成配件开始组装，根部粘在底座上⑩。

11 插上花秆，装上花朵，完成水仙花制作⑪。

注意事项

1. 冬瓜皮拉线时要一气呵成，线条要直。
2. 花瓣用茭白雕刻更加细腻，质感更加逼真。

学习笔记

学习笔记

训练任务2　梅兰竹菊

子任务1　梅花

任务目标

1 能够掌握梅花雕刻的工艺流程。

2 能够掌握梅花作品的组装方法和技巧。

任务分析

原料：白萝卜，青萝卜，胡萝卜，茭白，紫薯，冬瓜皮。

流程：雕刻花瓣→花蕊→组合梅花→树枝→组装→完成

任务操作

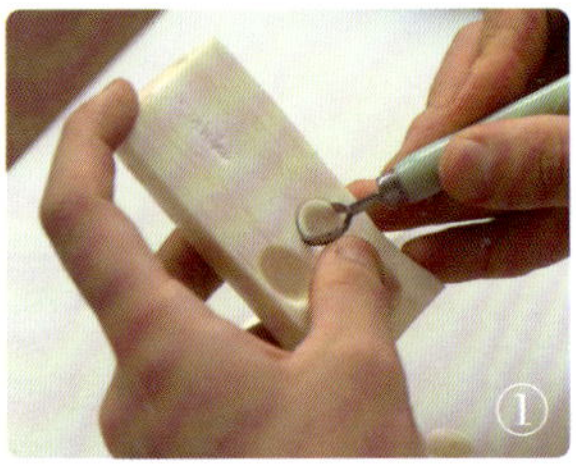

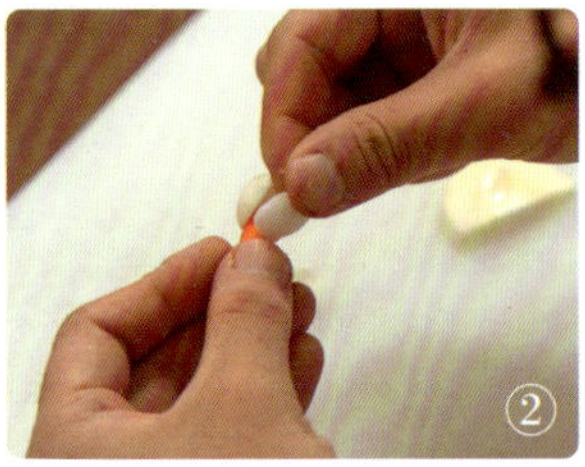

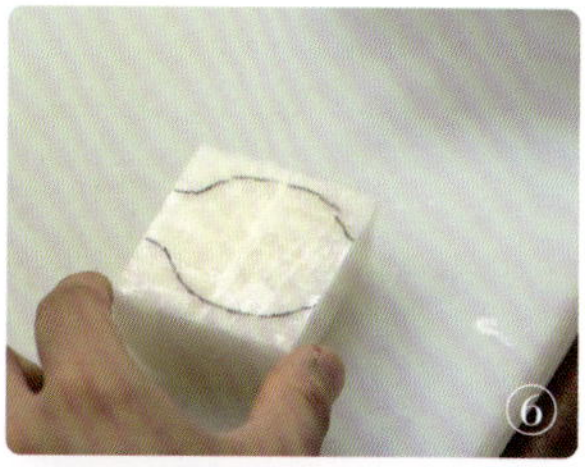

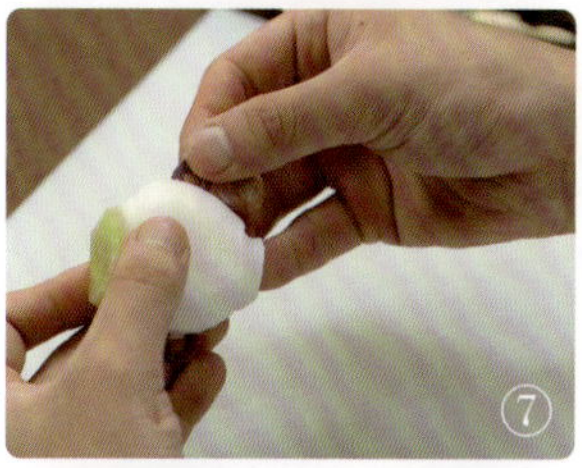

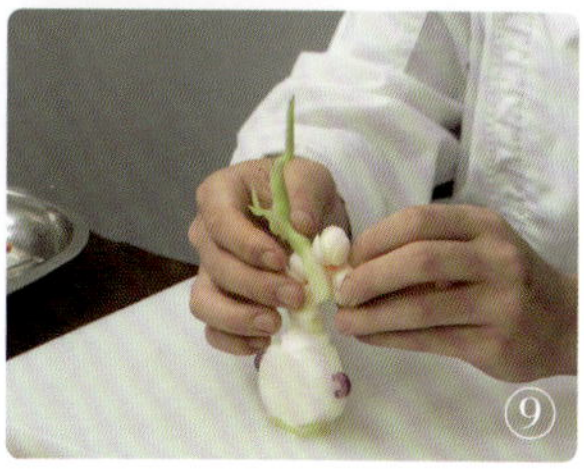

1 梅花制作：茭白取大块，用大号掏刀挖出圆片，作为梅花花瓣①。

2 胡萝卜取圆条形作为花蕊，将花瓣组装在花蕊上完成梅花制作②。

3 青萝卜取大片，用水溶笔画出树枝大形③。

4 主刀取下后修饰精细备用④。

5 用冬瓜皮雕刻叶子⑤。

6 白萝卜取厚片，用水溶笔画出花瓶大形⑥。

7 在底部粘上青萝卜片，紫薯用掏刀压出圆形，做成瓶子把手。完成花瓶制作，作为底座⑦。

8 完成配件开始组装，在花瓶底座上粘上树枝⑧。

9 粘上梅花，组装叶子、小草、花苞等装饰⑨。

10 完成梅花作品⑩。

注意事项

1 树枝要雕刻灵动、线条优美。

2 梅花花瓣组装时要紧包，体现含苞待放。

学习笔记

学习笔记

子任务 2　兰花

任务目标

1. 能够掌握蝴蝶兰雕刻的工艺流程。
2. 能够掌握蝴蝶兰作品的组装方法和技巧。

任务分析

原料：白萝卜，青萝卜，胡萝卜，心里美萝卜，紫薯，冬瓜皮。

流程：雕刻花瓣→花蕊→组合兰花→树枝→组装→完成

任务操作

1 蝴蝶兰制作：心里美萝卜用掏刀挖出长形花瓣①。

2 用主刀雕出花瓣轮廓②。

3 用心里美萝卜皮雕刻出圆形花瓣③。

4 将胡萝卜取长条形，顶部修成弧形，用U形戳刀雕刻出花蕊④。

5 将花瓣组装到花蕊上，完成蝴蝶兰的制作⑤。

6 用青萝卜皮雕刻蝴蝶兰叶子⑥。

7 用白萝卜、青萝卜和紫薯制作与梅花作品相同的花瓶底座⑦。

8 完成配件开始组装，在花瓶底座装上用冬瓜皮雕刻的枝干⑧。

9 装上蝴蝶兰，接着组装叶子、小草等装饰⑨。

10 完成兰花作品⑩。

注意事项

1. 花瓣取料时要注意心里美萝卜皮和肉的取用范围，合理搭配颜色。
2. 花瓣三尖两圆，尖的往里收，圆的往外翻。

子任务3 竹子

任务目标

1. 能够掌握竹子雕刻的工艺流程。
2. 能够掌握竹子作品的组装方法和技巧。

任务分析

原料：白萝卜，青萝卜，紫薯，冬瓜皮。

流程：雕刻竹叶→雕刻竹枝→组装→完成

学习笔记

学习笔记

任务操作

1 冬瓜皮用主刀反复画半圆弧雕刻竹子①。

2 用拉线刀雕上竹节②。

3 用同样方法雕刻更细的竹枝备用③。

4 用冬瓜皮雕出竹叶，用拉线刀拉出叶脉④。

5 雕刻更多的竹叶粘在竹枝上⑤。

6 用白萝卜、青萝卜和紫薯制作与梅花作品相同的花瓶底座⑥。

7 完成配件开始组装，竹子粘在花瓶底座上⑦。

8 粘上更多竹枝、竹叶⑧。

9 完成竹子作品⑨。

注意事项

1 竹叶组装时三个一组成“个”字形。

2 整体组装时要错落有致，搭配自然，整体协调。

子任务4　菊花

任务目标

1 能够掌握菊花雕刻的工艺流程。

2 能够掌握菊花作品的组装方法和技巧。

任务分析

原料：白萝卜，青萝卜，胡萝卜，紫薯，冬瓜皮。

流程：雕刻花蕊→花瓣→组合菊花→叶子→组装→完成

任务操作

1 取一段胡萝卜，用掏刀在中间取一刀，将顶部修尖修圆，用拉线刀雕刻纹路①。

2 再取胡萝卜片雕刻五角星粘在顶部②。

3 青萝卜用拉线刀雕刻花蕊③。

4 花蕊粘在外面，完成花蕊的制作④。

5 胡萝卜取大片，用大号U形戳刀，戳出花瓣⑤。

6 用同样方法雕刻更多花瓣，开始组装菊花⑥。

学习笔记

学习笔记

⑦

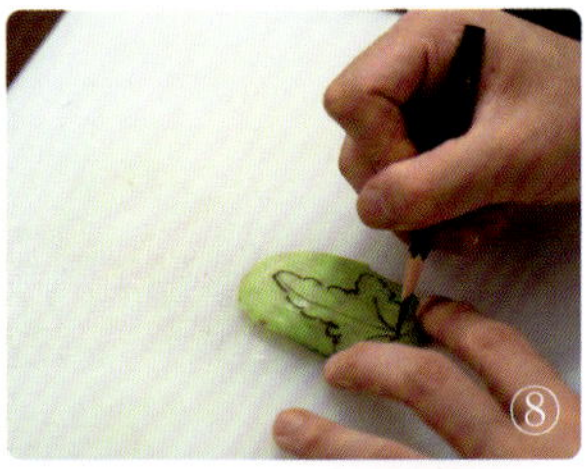
⑧

⑨

⑩

⑪

⑫

⑬

7 将花瓣按大小粘贴在花蕊外面，完成菊花的制作⑦。

8 取青萝卜皮取薄后，用水溶笔画出叶子形状⑧。

9 用白萝卜、青萝卜和紫薯制作与梅花作品相同的花瓶底座⑨。

10 用主刀顺着边缘取下，用拉线刀拉出叶子叶脉⑩。

11 完成配件开始组装，在花瓶底座上插上竹扦，装上菊花⑪。

12 接着组装叶子、小草等装饰⑫。

13 完成菊花作品⑬。

! 注意事项

1. 花瓣在挖取时要饱满，有一定弯曲度。
2. 菊花粘花瓣时长短有序的同时不能太过规整。

学习笔记

训练任务3　琴棋书画

子任务1　琴

任务目标

1. 能够掌握琵琶雕刻的工艺流程。
2. 能够掌握琵琶作品的组装方法和技巧。

任务分析

原料：白萝卜，胡萝卜，南瓜，黑萝卜，青萝卜。

流程：雕刻琵琶大形→头部装饰→荷花荷叶→组装→完成

学习笔记

任务操作

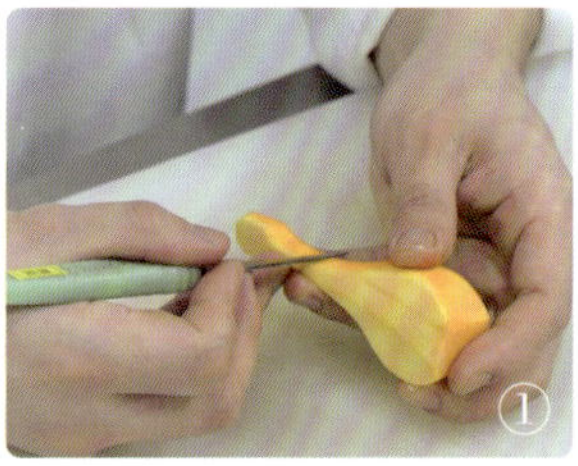

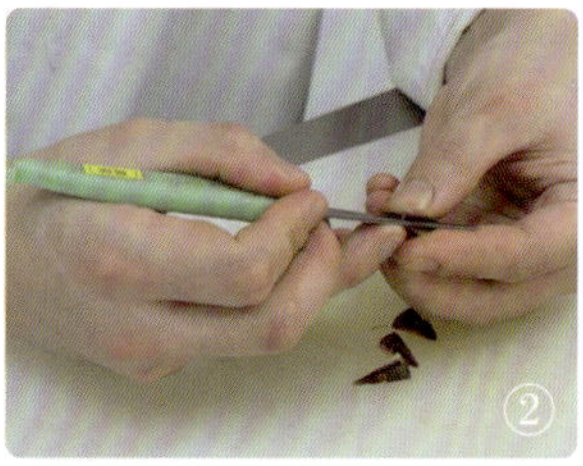

1 南瓜取厚片，雕出琵琶的大形，去掉两边棱角，雕圆润①。

2 将黑萝卜雕刻成小圆条粘在琴头上②。

3 胡萝卜用U形戳刀雕刻小梅花，粘在琴头作装饰③。

4 用白萝卜、胡萝卜、青萝卜雕刻荷花，方法与“荷花”训练任务（P122）相同④。

5 用青萝卜皮雕刻小树枝⑤。

6 完成配件开始组装，在小碗中放上白萝卜底片，粘上琵琶确定主体⑥。

7 接着组装荷花、荷叶、树枝，完成琵琶作品⑦。

注意事项

1 雕刻琵琶时利用南瓜的皮面，色泽更佳。

2 组装时层次分明，突出主体。

子任务2　棋

任务目标

1. 能够掌握棋盘雕刻的工艺流程。
2. 能够掌握棋盘作品的组装方法和技巧。

任务分析

原料：白萝卜，黑萝卜，心里美萝卜，青萝卜，黄胡萝卜。

流程：雕刻棋盘大形→棋子→竹子、牡丹花→组装→完成

任务操作

1. 将白萝卜取厚片，切成正方形，左右斜刀切出棋盘纹路①。
2. 将黄胡萝卜切细丝和厚片，将厚片粘在棋盘四周，细丝横竖交错粘在棋盘上②。
3. 用小号掏刀挖出黑萝卜和黄胡萝卜的小球作为棋子③，随意切去棋盘一角呈现破败感。
4. 心里美萝卜切成梯形大块，用U形戳刀雕出波浪形④⑤。
5. 用主刀雕出有弧度的花瓣备用，胡萝卜雕刻花蕊备用⑥⑦。

学习笔记

⑦

⑧

⑨

⑩

⑪

⑫

6 将花瓣粘在花蕊上，一层五瓣花瓣，粘三层，完成牡丹花制作⑧⑨。

7 完成配件开始组装，在小碗中放上白萝卜底片，粘上竹子确定位置⑩。

8 组装棋盘、牡丹花、叶子⑪。

9 完成棋盘作品⑫。

注意事项

1. 棋盘线条要直，棋子大小一致。
2. 雕刻出破败感，不宜过于规整。

子任务3　书

任务目标

1. 能够掌握书本雕刻的工艺流程。
2. 能够掌握书本作品的组装方法和技巧。

任务分析

原料：白萝卜，南瓜，心里美萝卜，黑萝卜，青萝卜。

流程：雕刻书本→雕刻毛笔→月季花→组装→完成

任务操作

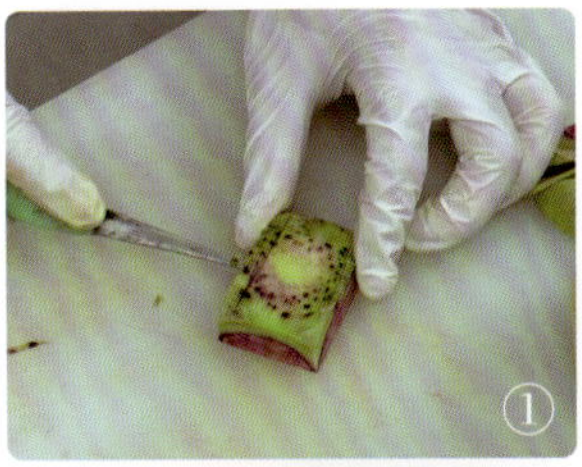

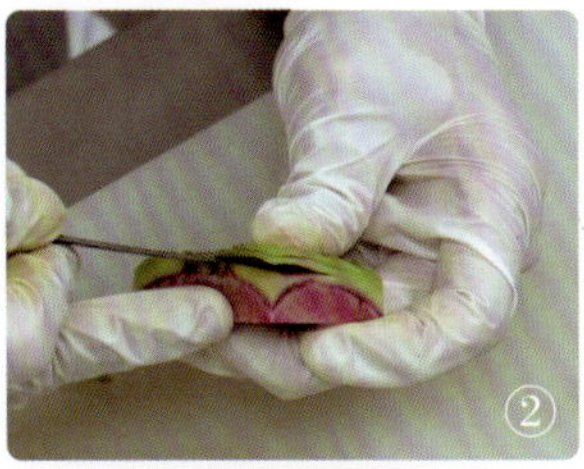

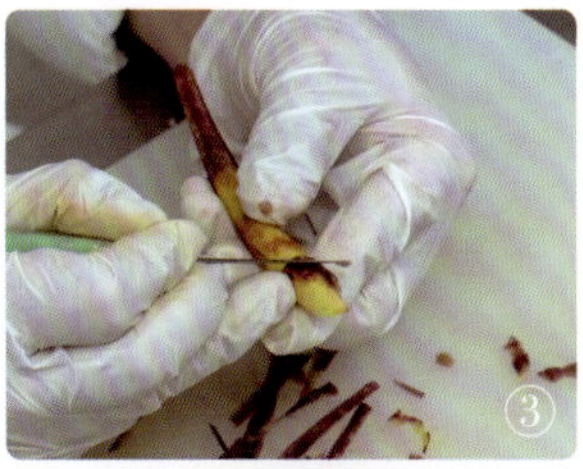

1 心里美萝卜取带皮的料形，用V形戳刀雕刻出书本的封面线条①。

2 用主刀切出翻页的感觉②。

3 用黑萝卜雕刻出毛笔形状③。

4 用胡萝卜雕刻月季花，方法同“月季花”训练任务（P120）相同④。

5 完成配件开始组装，在小碗中放上白萝卜底片，粘上书本确定位置⑤。

6 用竹扦固定毛笔，组装月季花叶子⑥。

7 完成书本作品⑦。

注意事项

❶ 心里美和南瓜雕刻书本时合理利用表皮，使色泽突出。

❷ 雕刻毛笔时线条优美自然，笔锋飘逸。

学习笔记

学习笔记

子任务 4　画

任务目标

❶ 能够掌握画卷雕刻的工艺流程。

❷ 能够掌握画卷作品的组装方法和技巧。

任务分析

原料：白萝卜，胡萝卜，黑萝卜，南瓜，心里美萝卜，青萝卜。

流程：雕刻卷轴大形→头部装饰→房屋菊花→组装→完成

任务操作

1 白萝卜取段雕刻画卷，用主刀雕刻出弧度后取薄①。

2 胡萝卜取长条粘在白萝卜外面，制作画卷的边框②。

3 黑萝卜用U形戳刀雕刻花卷的挂饰，粘在画卷顶部和两边，完成画卷制作③。

4 用青萝卜雕刻菊花，方法同“菊花”训练任务（P133）相同④。

5 完成配件开始组装，在小碗中放上白萝卜底片，粘上画卷⑤。

6 确定角度后粘上屋檐和菊花装饰，完成画卷作品⑥。

注意事项

1. 画卷雕刻时注意弧度，不能太直，不优美。
2. 屋檐雕刻时注意细节，线条不毛糙。

学习笔记

学习笔记

任务评价

学生自我评价表（20%）

小组：		姓名：	
评分项目	评分内容	标准	打分
安全教育（25分）	是否清楚实训安全	非常清楚（20～25分） 基本清楚（10～20分） 不够清楚（0～10分）	
仪容仪表（25分）	是否规范职业着装	非常规范（20～25分） 基本规范（10～20分） 不够规范（0～10分）	
课前作业（25分）	是否完成课前学习任务	全部完成（20～25分） 基本完成（10～20分） 没有完成（0～10分）	
课后卫生（25分）	是否完成课后卫生任务	全部完成（20～25分） 基本完成（10～20分） 没有完成（0～10分）	
		总分	

学生相互评价表（20%）

小组：		姓名：	
评分项目	评分内容	标准	打分
小组合作参与度（50分）	参与度高与低	积极参与（30～50分） 基本参与（10～30分） 不参与（0～10分）	
沟通能力（25分）	与小组其他成员之间沟通是否顺畅	沟通顺畅（15～25分） 基本顺畅（5～15分） 不顺畅（0～5分）	
团队协作能力（25分）	小组之间是否相互合作	合作顺畅（15～25分） 基本顺畅（5～15分） 不合作（0～5分）	
		总分	

学习笔记

教师评价表（60%）

小组:		姓名:	
评分项目	评分内容	标准	打分
选料 （15分）	原料搭配是否合理	搭配合理（10～15分） 基本合理（5～10分） 不合理（0～5分）	
形态 （20分）	造型是否逼真， 立体感强	造型逼真（15～20分） 有大致形态（10～15分） 无明显形态（0～10分）	
刀工 （25分）	刀工是否精细， 形态是否完整	刀工细腻（15～25分） 刀工较为粗糙（5～15分） 刀工粗糙（0～5分）	
色彩 （20分）	色彩搭配是否合理	搭配合理（15～20分） 基本合理（10～15分） 不合理（0～10分）	
构图 （20分）	构图是否合理， 整体是否协调	搭配合理（15～20分） 基本合理（10～15分） 不合理（0～10分）	
		总分	

参考文献

[1] 杨宗亮，黄勇．冷菜与冷拼实训教程[M]．北京：中国轻工业出版社，2021.
[2] 周文涌．烹饪艺术与冷拼制作[M]．北京：高等教育出版社，2017.
[3] 朱洪朗．中餐冷拼与菜肴盘式制作[M]．北京：科学出版社，2017.
[4] 蔡阳．中餐冷拼制作[M]．广州：暨南大学出版社，2016.
[5] 朱云龙．冷菜工艺[M]．北京：中国轻工业出版社，2008.